Leitfaden der Holzmeßkunde

von

Professor Dr. Adam Schwappach
Geheimer Regierungsrat in Eberswalde

Dritte, umgearbeitete Auflage

Mit 20 Textabbildungen

Springer-Verlag Berlin Heidelberg GmbH

1923

ISBN 978-3-662-38881-5   ISBN 978-3-662-39807-4 (eBook)
DOI 10.1007/978-3-662-39807-4

Alle Rechte, insbesondere das der Übersetzung
in fremde Sprachen, vorbehalten.

Vorwort zur 3. Auflage.

Bei Abfassung dieses Leitfadens ist mein Bestreben dahin gegangen, aus der umfangreichen Literatur der Holzmeßkunde hauptsächlich das herauszugreifen, was für den praktischen Gebrauch im Forstbetriebe sowie bei Ausführung von forstlichen Versuchsarbeiten notwendig ist und sich bewährt hat.

Der Erfolg hat gezeigt, daß dieser Standpunkt richtig ist. Schon bei Bearbeitung der zweiten Auflage habe ich ihn noch entschiedener zum Ausdruck gebracht, in besonders nachdrücklicher Weise ist dieses aber bei der vorliegenden dritten Auflage geschehen. Entscheidend waren jetzt namentlich die mißlichen Zeitverhältnisse, welche möglichste Sparsamkeit und damit auch tunlichste Kürze gebieterisch fordern. Die Instrumentenlehre ist deshalb auf das äußerste eingeschränkt worden. Dieses erscheint um so mehr zulässig, als vor wenigen Monaten die dritte Auflage von Müllers Holzmeßkunde erschienen ist, welche eine außerordentlich eingehende Beschreibung aller Instrumente bringt. Die gleiche Rücksicht ist bei Behandlung des Abschnittes über die Massenermittelung am liegenden Stamme maßgebend gewesen. Nirgends tritt der Unterschied zwischen der theoretischen Behandlung in der Literatur und den Arbeiten der Praxis, selbst bei wissenschaftlichen, genauen Arbeiten, schärfer hervor als gerade hier.

Auch bei der Massenermittelung am stehenden Stamme ist das Kapitel über die Richthöhenmethode trotz aller Anerkennung ihrer Richtigkeit wegen mangelnder Anwendung in der Praxis den Rücksichten auf Raumersparnis geopfert worden.

Gänzlich umgestaltet sind die Abschnitte über: Formzahlen, Massentafeln und Methoden der Bestandesmassen-Ermittelung.

Das gleiche gilt für den Abschnitt über Zuwachsuntersuchungen an Beständen, der gerade in der neuesten Zeit besonders an Bedeutung gewonnen hat.

Eberswalde, im Oktober 1923.

Dr. A. Schwappach.

Inhaltsverzeichnis.

III. Ermittelung des Inhaltes einzelner stehender Bäume.

1. Schätzung nach dem Augenmaße.

2. Schätzung nach Formzahlen.

3. Sektionsweise Kubierung stehender Stämme.

IV. Ermittelung des Massengehaltes von Beständen.

1. Massenermittelung durch Schätzung.

2. Bestandesaufnahme durch Messung.

A. Massenermittelung der Bestände im Ganzen.

B. Massenermittelung nach Stärkeklassen.

V. Ermittelung des Alters.

VI. Ermittelung des Zuwachses.

Einleitung.

§ 1.

Die Holzmeßkunde beschäftigt sich mit der Ermittelung der Masse, des Alters und des Zuwachses einzelner Bäume und ganzer Bestände.

Synonym: Holzmeßkunst, Baum- und Bestandesschätzung, Holztaxation, forstliche Körperlehre oder Stereometrie.

Die Holzmeßkunde wurde früher allgemein und wird auch gegenwärtig noch häufig, als ein Teil der Lehre von der Forsteinrichtung behandelt. Wenn sie auch für die Zwecke der Betriebsregelung höchst wichtige Dienste leistet, so muß doch berücksichtigt werden, daß die Holzmeßkunde noch einer viel weitergehenden Anwendung fähig ist. Sie bietet überhaupt die Mittel, um den Erfolg der forstlichen Produktion dem Volumen nach zu bestimmen und ist deshalb auch bei allen forststatischen Untersuchungen, sowie zur Beschaffung der wichtigsten Grundlagen der Waldwertberechnung unentbehrlich. Besonders seit der Begründung des forstlichen Versuchswesens hat die Holzmeßkunde durch Verbesserung der Instrumente, durch feinere Ausbildung der Messungsmethoden und Beobachtungsregeln, sowie durch die Benutzung des reichen Beobachtungsmateriales wesentliche Fortschritte gemacht.

Bei der großen Ausdehnung und vielseitigen Bedeutung, welche dieses Gebiet in der Neuzeit gewonnen hat, darf die Holzmeßkunde nunmehr den Rang einer selbständigen Disziplin im System der Forstwissenschaft als Teil der forstlichen Betriebslehre in Anspruch nehmen.

Die Lehrsätze der Stereometrie und Physik bilden zwar die Grundlage der Holzmeßkunde, aber eine einseitige und übertriebene mathematische Behandlungsweise führt in vielen Fällen zu Ergebnissen, die für Praxis und Wissenschaft gleich unfruchtbar sind.

Besondere Bedeutung besitzen dagegen die systematische Massenbeobachtung sowie die Berücksichtigung der naturwissenschaftlichen

und waldbaulichen Forschungen, die es ermöglichen, die den einzelnen Erscheinungen zugrunde liegenden Gesetze trotz ihrer großen
Mannigfaltigkeit aufzufinden.

Literatur: Unter den älteren Werken ist zu nennen: Baur, Die Holzmeßkunde
4. Aufl., Berlin 1891, neu: Müller, Lehrbuch der Holzmeßkunde, 3. Aufl.,
Berlin 1923. Stötzer, Die Forsteinrichtung, 2. Aufl., Frankfurt 1908, bringt
eine abgeschlossene Darstellung der Holzmeßkunde, Martin's Forsteinrichtung,
3. Aufl., Berlin 1910, behandelt die Ermittelung der Bestandesmassen und des
Zuwachses eingehend.

Als Maßeinheit für die Vermessung der Holzmassen dient das
Kubikmeter in zwei Formen: Wenn dieses Volumen mit solider
Holzmasse ausgefüllt ist, spricht man von Festmetern, können aber
die einzelnen Holzstücke wegen ihrer unregelmäßigen Form oder zu
geringer Größe nicht einzeln stereometrisch vermessen werden, so
werden die hiermit gefüllten Raummaße Raummeter, in Süddeutschland Ster, genannt.

Das „Festmeter" bildet im Forsthaushalt auch die Rechnungseinheit für die Verbuchung der Holzmassen. Da die Holzernte teils
in Form von Festmetern teils in jener von Raummetern aufgearbeitet wird, so müssen zum Zweck gemeinsamer Verbuchung die Raummeter in Festmeter umgewandelt werden. Näheres hierüber findet sich unten in § 16.

I. Instrumentenlehre.

1. Instrumente zur Ermittelung der Baumstärke.

§ 2. Instrumente zur Umfangsmessung.

Jene Baumteile, an welchen eine Messung der Stärke zum Zweck der Inhaltsermittelung vorgenommen wird, nämlich der Schaft und bisweilen auch noch die stärkeren, regelmäßig gewachsenen Äste, können für die gegenwärtigen Betrachtungen als Umdrehungskörper angesehen werden. Querflächen, welche durch Schnitte rechtwinkelig zur Achse erhalten werden, sind demnach Kreise.

In den meisten Fällen müssen die Abmessungen zur Berechnung dieser Querflächen erhoben werden, ohne daß ein unmittelbares Auflegen eines Maßstabes auf ihnen selbst möglich ist.

Die Berechnung des Inhalts eines Kreises kann entweder aus dem Umfang oder aus dem Durchmesser geschehen.

Zur Messung des Umfanges dienen entweder gefirnißte leinen oder hanfene, 2—3 cm breite Meßbänder oder 0,5 cm breite Stahlmeßbänder. Erstere sind an einem Ende mit einem Häkchen versehen, welches in die Rinde eingedrückt wird, das andere Ende ist an einem in der Achse einer ledernen oder hölzernen Kapsel angebrachten drehbaren Zylinder befestigt, auf welchen es eingerollt werden kann. Die Stahlmeßbänder liegen ebenfalls in Kapseln und rollen sich durch eine Feder von selbst auf.

Während aber die letzteren nur eine Zentimeterteilung besitzen und infolgedessen nur zur Messung des Umfanges benutzt werden können, haben die Leinenmeßbänder auf der zweiten Seite meist noch weitere Teilungen, welche gestatten, sofort die den dem Umfang entsprechenden Durchmesser und häufig auch die zugehörige Kreisfläche abzulesen.

Die Genauigkeit der Umfangsmessung wird dadurch beeinträchtigt, daß die Flächen wegen der vorstehenden Rindenschuppen und der Abweichung der Baumquerflächen von der Kreisform gewöhnlich zu groß gefunden werden. Außerdem wird das Meßband, namentlich) bei starken Stämmen meist nicht genau rechtwinklig zur Stammachse angelegt. Örtlichen Unregelmäßigkeiten kann ferner bei der Messung weniger leicht ausgewichen werden, als bei der Ermittelung des Durchmessers.

Die genannten Fehlerquellen haben zur Folge, daß die Messung des Umfanges die Querfläche fast stets zu groß angibt, die Abweichung beträgt $+ 6$—8%.

Aus diesen Gründen hat die früher ungleich mehr verbreitete Messung des Umfanges in Deutschland fast ausnahmelos der ungleich genaueren Messung des Durchmessers weichen müssen.

Der Vorzug des Meßbandes besteht darin, daß es leicht in der Tasche mitgeführt werden kann und den Vorzug der Bequemlichkeit für Messungen besitzt, bei denen ein hoher Genauigkeitsgrad nicht gefordert wird und es sich mehr um eine annähernde Orientierung handelt, namentlich auf Reisen.

Sehr geeignet ist die Messung des Umfanges zur Ermittelung geringer Änderungen des Durchmessers, da diese beim Umfang mehr als dreimal stärker wie beim Durchmesser zur Erscheinung gelangen (Zuwachsmesser nach Friedrich).

§ 3. Instrumente zur direkten Messung des Durchmessers.

Im forstlichen Betrieb ist an die Stelle der Messung des Umfanges jetzt allgemein jene des Durchmessers mit Hilfe der Kluppe (früher häufig auch Gabelmaß genannt) getreten.

Dieses Instrument, dessen Prinzip schon länger bekannt und für verschiedene gewerbliche Zwecke in Anwendung war, ist seit dem Anfang des 19. Jahrhunderts allmählich immer mehr für die Bedürfnisse der Forstwirtschaft in Gebrauch gekommen.

Es besteht in seiner einfachsten Gestalt aus einem parallelepipedischen Maßstab, meist aus Holz, an dessen einem Ende ein Schenkel rechtwinkelig und fest in der Art angebracht ist, daß seine innere Fläche verlängert durch den Nullpunkt der Teilung des Maßstabes geht. Ein zweiter, beweglicher Schenkel läßt sich an dem Maßstab so verschieben, daß die innere Fläche in jeder Stellung rechtwinkelig zu diesem und damit auch parallel zu jener des festen Schenkels ist.

Wenn man von der Kreisform des Stammes, als von der normalen ausgeht, müssen die beiden Schenkel von der Innenkante des Maßstabes an gerechnet mindestens halb so lang sein, als das Maximum des Durchmessers, dessen Größe am Maßstab abgelesen werden soll (Abb. 1).

Beim Gebrauch bringt man den betreffenden Stamm oder Baumteil zwischen die beiden Schenkel, drückt den festen Schenkel an, hält den Maßstab rechtwinkelig zur Längsachse des zu messenden Körpers dicht an diesen, verschiebt dann den beweglichen Schenkel solange, bis er dessen andere Seite berührt und liest nach dem Satz: Parallele zwischen Parallelen sind gleich, am Maßstabe die Größe des Durchmessers ab, ehe man die Kluppe vom Baum zurückzieht.

Des bequemeren Gebrauches wegen hat man Kluppen mit verschieden langen Maßstäben; die üblichen Längen für die Teilung sind: 25, 60 und 100 cm. Die Teilung des Maßstabes ist für die Zwecke der Praxis gewöhnlich in ganzen Zentimetern, für wissenschaftliche Arbeiten von zwei zu zwei Millimetern ausgeführt. Bei Ermittelung der Bestandesgrundflächen kommen auch größere Intervalle, meist von vier zu vier oder von fünf zu fünf Zentimetern, in Anwendung. Zweckmäßig erhalten derartig geteilte Kluppen noch auf der anderen Fläche des Maßstabes die gewöhnliche Teilung in einzelne Zentimeter.

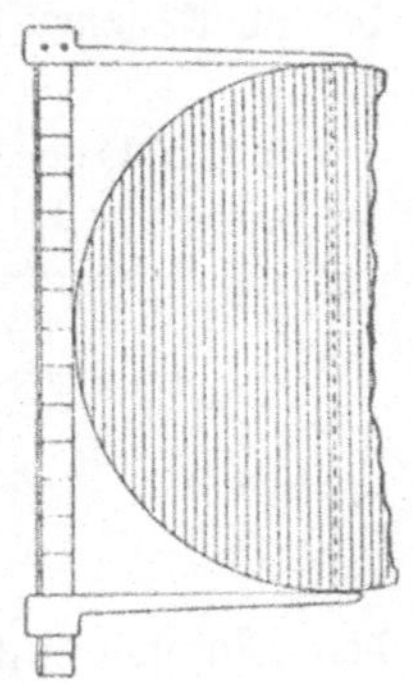

Abb. 1.

Bei genauer Messung werden die Durchmesser, welche in der zweiten Hälfte des Teilungsintervalles des Maßstabes liegen (z. B. bei Teilung nach ganzen Zentimetern 0,5 cm und mehr) bereits der folgenden Stärkestufe, jene dagegen, welche in die erste Hälfte fallen, der vorausgehenden zugewiesen. Da also dem Kluppenführer (meist einem gewöhnlichen Waldarbeiter) die Entscheidung darüber überlassen werden muß, welcher Stärkestufe ein Durchmesser angehört, so entstehen leicht Ungenauigkeiten. Letztere werden vielfach dadurch umgangen, daß die überschießenden Bruchteile eines Zentimeters überhaupt unberücksichtigt bleiben, wie meist bei der Aufmessung des liegenden Stammholzes[1]).

Erheblich genauer werden die Ergebnisse durch Anwendung der selbstabrundenden Teilung, bei welcher die Ablesung ganz unabhängig von der Schätzung des Kluppenführers erfolgt.

---

[1]) Bestimmungen über die Einführung gleicher Holzsortimente und einer gemeinschaftlichen Rechnungseinheit für Holz im Deutschen Reiche v. 23. Aug. 1875.

Hier bezeichnen die Teilstriche die Grenze des Raumes, für dessen ganze Ausdehnung ein und dieselbe Durchmesserzahl gilt, letztere steht innerhalb des betreffenden Raumes. Zu diesem Zweck beträgt der Abstand des ersten Teilstriches vom Anfangspunkt des Maßstabes nur die Hälfte des als Teilungseinheit angenommenen Intervalles, während die übrigen Teilstriche von hier ab regelmäßig aufeinanderfolgen. Wenn a die Größe des Teilungsintervalles bezeichnet, so wird in den ersten ganzen Intervall 1×a, in den folgenden 2×a usw. geschrieben. Bei der Teilung nach Zentimetern würde z. B. der erste ganze Skalateil den Raum von 0,50 bis 1,49 cm, der zweite jenen von 1,50—2,49 cm usw. umfassen und mit 1 bzw. 2

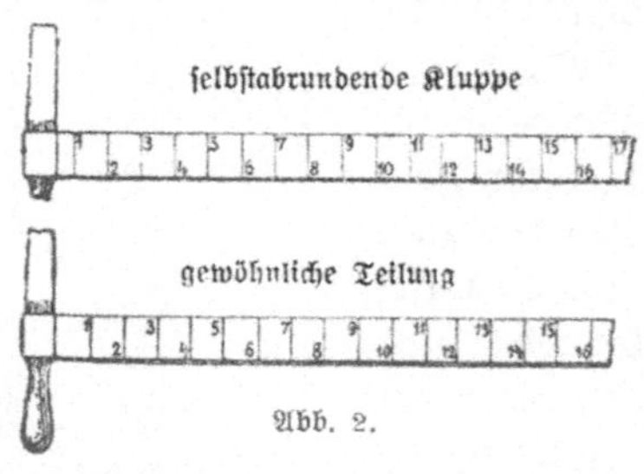

Abb. 2.

bezeichnet sein.

Eine derartige Teilung ist also stets gegen den wirklichen Längenmaßstab um ½a nach dem Nullpunkt der Teilung verschoben, wie Abbildung 2 zeigt.

Wenn die Intervalle sehr groß gewählt werden (4 cm und mehr), so kann es sich empfehlen, den Maßstab nicht nach den wirklichen Stärkestufen 1a, 2a usw., sondern nach Klassen mit: I, II usw. zu bezeichnen, indem hierdurch die Arbeit im Wald vereinfacht wird.

Die Ziffer des Maßstabes muß stets möglichst nahe an den Anfang des betreffenden Intervalles geschrieben werden.

Beschreibung einiger Kluppenkonstruktionen.

An eine gute Kluppe stellt man folgende Anforderungen:

1. Die Kluppe soll so leicht und doch auch so solid sein, daß sie einerseits bei längerer Arbeitsdauer nicht ermüdet und andererseits nötigenfalls eine etwas rauhe Behandlung in den Händen der Arbeiter verträgt;

2. die beiden Schenkel müssen bei der Messung stets rechtwinklig zum Meßstabe und miteinander parallel stehen sowie in einer Ebene liegen;

3. der bewegliche Schenkel muß sich leicht hin- und herschieben lassen, ohne daß der Parallelismus der Schenkel gestört wird, soweit dieses nicht durch die Konstruktion bedingt ist (Friedrich'sche Kluppe).

Diesen Anforderungen wird teils durch das Material, aus dem die Kluppen gefertigt werden, teils durch verschiedene Konstruktionen genügt.

Zur Herstellung der Kluppen wird meist Holz, am besten gut ausgetrocknetes Birnbaumholz, verwendet, weil es genügende Festigkeit mit geringem Gewicht verbindet und ein schlechter Wärmeleiter ist, also auch bei Kälte das Arbeiten nicht erschwert. Um die Kluppen leicht unter die am Boden liegenden Stämme schieben zu können, müssen die Schenkel in eine durch Metallbeschlag geschützte Spitze auslaufen. Bisweilen werden die Schenkel der Festigkeit wegen aus Eisen gefertigt.

Eiserne Kluppen ermüden den Arbeiter infolge ihres hohen Gewichtes leicht und kälten sehr, besitzen aber hohe Festigkeit. Sie werden nur zur Messung liegenden Holzes verwendet. Vorzügliches Material für Kluppen ist Magnalium (Legierung von Aluminium und Magnesium) wegen seiner Leichtigkeit und Festigkeit.

Für die Ausführung der Kluppen sind im Laufe der Zeit zahlreiche Formen in Vorschlag gebracht worden. Hiervon ist die beste und auch der Praxis am meisten bewährte jene, die von Professor Gustav Heyer in Verbindung mit dem Mechaniker Staudinger in Gießen angegebene.

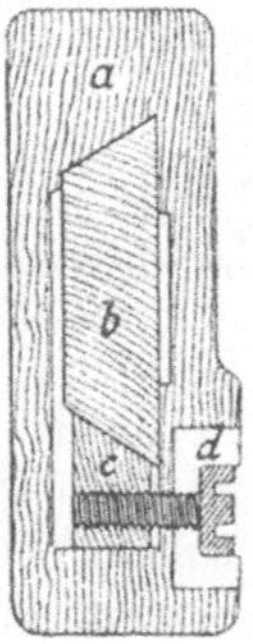

Abb. 3.
a beweglicher Schenkel;
b Maßstab;
c Metallkeil;
d Schraube.

Bei der G. Heyer'schen Kluppe (Abbildung 3) hat der Maßstab die Form eines Paralleltrapezes. Um das Schlottern zu verhüten und den Einfluß des Schwindens zu paralysieren, ist der Metallkeil c unterhalb des Maßstabes b angebracht, welcher mittels einer Schraube d vor- und rückwärts bewegt werden kann. Zur Beseitigung des toten Ganges der Schraube dienen zwei kleine Spiralfedern, welche zwischen dem Keil und der Wand der Hülse eingelassen sind.

Eine summarische Übersicht der wichtigsten Kluppenkonstruktionen findet sich in folgender Zusammenstellung[1]):

    I. Kluppen mit einem beweglichen Schenkel:

1. Der Querschnitt des Maßstabes ist ein Rechteck:
    a) Kluppe mit Feder (Preßler);
    b) Kluppe mit Schraube (Carl Heyer und [in anderer Ausführung] von Barth);
    c) Kluppe mit Keil (Smalian);

---

[1]) Wegen genauer Beschreibung der verschiedenen Kluppenkonstruktionen und auch allen weiteren für die Zwecke der Holzmeßkunde gebrauchten Instrumente wird auf die sehr eingehende Darstellung in Müller, Holzmeßkunde verwiesen.

d) Kluppe mit Rolle (Schultze);
e) Kluppe von Albenbrück und Friedrich (mit schiefem Einschnitt des beweglichen Armes).
2. Der Querschnitt eines Maßstabes ist ein Paralleltrapez;
a) Kluppe mit Feder (Reißig);
b) Kluppe mit Schraube (Eduard Heyer):
c) Kluppe mit Keil und Schraube (Gustav Heyer).

II. Kluppen mit zwei beweglichen Schenkeln:

1. Kluppe Patent Handloß;
2. Kluppe von Friedrich;
3. Kluppe von Püschel;
4. Kluppe von Stahl.

III. Scherenkluppen.

Hier wird der Parallelismus der Schenkel durch zwei Bewegungsarme hergestellt, welche sich um einen festen Punkt nach Art der Scheren drehen lassen.
1. Kluppe von Lütken;
2. Präzisionskluppe von Heidler.

Um die Aufschreibung der Kluppierungsergebnisse im Walde zu vermeiden und gleichzeitig eine Kontrolle für die Messungen zu haben, hat man verschiedene selbstregistrierende Kluppen konstruiert, die für die Aufnahme gegen stehende Bestände bestimmt sind. Sie geben entweder die Durchmesser (Reuß, Eck, Buse, Hohenadl-Wappes) oder die Kreisflächen (Wimmenauer, Buse) oder auch die Massen selbst (Hirschfeld). Alle diese Kluppen sind aber sehr kompliziert und daher für den Gebrauch im Wald wenig geeignet, meist schwer zu handhaben und sehr teuer. Sie haben sich daher bis jetzt noch keinen Eingang in die Praxis zu schaffen vermocht.

Die Kubierungskluppen unterscheiden sich von den gewöhnlichen Kluppen nur durch eine eigenartige Einrichtung des Maßstabes, indem auf diesem neben den Durchmessern auch die einer Anzahl von Längen entsprechenden Kubikinhalte angegeben sind. Sie werden nur in jenen großen Nadelholzforsten gebraucht, wo die Bloche und bisweilen auch die Stämme nach wenigen, im voraus bestimmten Dimensionen abgelängt werden. Wegen der Schwierigkeit fehlerloser Ablesung können sie nicht empfohlen werden, die Kubierung erfolgt sicherer und bequemer im Schreibzimmer.

Einen geringen Grad von Genauigkeit bieten die Kluppenstöcke, welche meist nur einen, zum Einklappen eingerichteten Schenkel besitzen, doch gibt es auch solche mit zwei Schenkeln (vom Mechaniker Spörhase in Gießen).

Als Kluppen für besondere Zwecke sind noch die Grubenholzkluppen zu erwähnen von denen sich besonders die von Förster Gleinig erfundene Grubenholzkluppe „Einfach" bewährt hat.

Zur Bestimmung der Durchmesser stehender Bäume in solchen Höhen, bis zu welchen man mit der Kluppe nicht reichen kann, hat man besondere Instrumente, die Baumstärkenmesser, welche später bei den Höhenmessern besprochen werden sollen.

Bei der Ermittelung des Flächeninhaltes von Stammscheiben werden die nötigen Dimensionen mit Hilfe passender Maßstäbe direkt abgelesen.

§ 4. Instrumente zur Ermittelung des Stärkezuwachses.

Für die Zwecke der Zuwachsuntersuchung ist es meist notwendig, nicht nur den gegenwärtigen Durchmesser, sondern auch die Zunahme messen zu können, welche dieser im Laufe der früheren Lebensperioden erfahren hat.

Wenn der Stamm zerschnitten ist, kann diese Messung auf den Querflächen unmittelbar mittels gewöhnlicher, am besten prismatischen Maßstäbe vorgenommen werden. Eine besonders zweckmäßige Form besitzen die jetzt für derartige Arbeiten fast allein gebräuchlichen Baur'schen Zuwachsstäbe. Diese sind prismatische Maßstäbe aus Holz oder Metall, welche von dem in der Mitte liegenden Nullpunkt aus nach beiden Seiten hin in halbe Millimeter geteilt sind. Vor dem Nullpunkt ist eine kleine Hülse angebracht, um mittels eines in diese gesteckten Stiftes den Maßstab im Kern der Scheibe befestigen zu können.

Fein gearbeitete Metall-Kluppen mit Noniusablesung oder Stangenzirkel können ebenfalls für diese Messungen benutzt werden.

Wenn eine Messung des Stärkezuwachses auf den Querflächen nicht stattfinden kann oder soll, also beim stehenden Stamm immer, aber häufig auch beim liegenden Stamm, wird diese Messung an Holzstücken ausgeführt, welche mit Hilfe des Preßler'schen Zuwachsbohrers dem Stamm entnommen worden sind.

Der Preßler'sche Zuwachsbohrer[1]) (Abbildung 4) (verbessert von Neumeister) besteht im wesentlichen aus drei gesonderten Stücken:

1. Aus einem Hohlbohrer, welcher sich von der Spitze gegen die Handhabe zu kegelförmig erweitert:

---

[1]) Auf Anregung Preßler's von dem Büchsenmacher Byssel zu Tharandt konstruiert.

2. aus der Handhabe, welche innen hohl und zur Aufbewahrung des Bohrers und der Klemmnadel dient;

3. aus der Klemmnadel. Diese ist auf der einen Seite mit einer Maßeinteilung, auf der anderen mit einer Zahnung versehen und hauptsächlich dazu bestimmt, den Span, nachdem er in der gewünschten Länge gebohrt ist, gegen die Innenwand des Bohrers zu pressen und festzuhalten, um hierdurch seine Trennung vom Stammkörper und das Herausziehen zu ermöglichen.

Bei der Anwendung setzt man den Bohrer möglichst in radialer Richtung und rechtwinkelig zur Stammachse an, dreht anfangs langsam, später in beliebig raschem Tempo, führt, wenn tief genug gebohrt, die Klemmnadel zwischen Span und Bohrerwand vorsichtig ein, klemmt sie durch schwache Schläge auf ihren Kopf fest, dreht den Bohrer zuerst etwas rückwärts, um den Span vom Holzkörper loszureißen und zieht dann den Span mit der Nadel oder, wenn das zu schwer gehen sollte mit der Handhabe heraus.

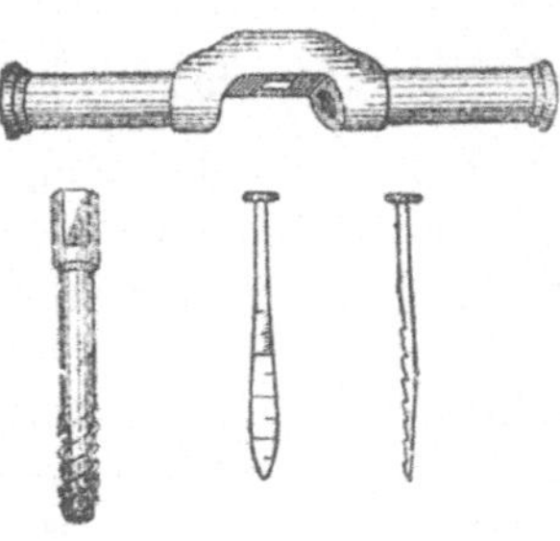

Abb. 4.

Das Bohrloch wird bei Laubhölzern, um Faulstellen zu vermeiden, mit Baumwachs geschlossen.

Die besten Zuwachsbohrer liefert: Andr. Mattson in Mora (Schweden).

Mit Hilfe des Zuwachsbohrers kann man ca. 6 mm starke und je nach der Holzart und Bohrersorte 5—15 cm lange Bohrspäne erhalten. Die Messung der Jahrringbreiten erfolgt an den zuerst mit einem scharfen Messer in der Faserrichtung beschnittenen und geglätteten Spänen entweder mittels der auf der Rückseite der Nadel eingeritzten Teilung oder mit Hilfe einer dem Apparate beigegebenen Blechhülse, welche ebenfalls eine Maßeinteilung enthält. Zweckmäßiger als diese Blechhülsen sind die von Billwiller und Kradolfer (techn. Versandtgeschäft) in Zürich zu beziehenden Spanhalter.

2. Instrumente zum Messen der Baumlängen.

§ 5. Instrumente zur Längenmessung am liegenden Stamm.

Bei gefällten Stämmen und Stammteilen wird die Länge entweder mittels Latten oder mittels Meßbänder bestimmt.

1. Die Latten bestehen aus 1—5 m langen Stäben von möglichst hartem, geradfaserigem, gut ausgetrocknetem und zum Schutz gegen die Feuchtigkeit mit Firnis überzogenem Holz. Der Querschnitt ist quadratisch oder rechteckig, die Größe der Seitenkanten schwankt zwischen 2 und 4 cm. Die Enden werden rechtwinkelig abgeschnitten und mit Metall beschlagen. Die im gewöhnlichen Betriebe gebrauchten Latten sind in Dezimeter, jene für feinere Messungen in Zentimeter geteilt.

2. Die Meßbänder, welche bei Messung der Baumlängen be=
nutzt werden, sind die gleichen, wie die zu sonstigen Meßzwecken
gebräuchlichen. Sehr empfehlenswert sind Meßbänder mit einer
Einlage von Bronzedraht oder vernickeltem Stahldraht, welche
Heßberg & Matz in Meiningen liefert (Meßband „Ideal").

Die Meßbänder haben bei Schnee und schmutzigem Wetter,
sowie bei den harzreichen Nadelhölzern im Sommer bedeutende
Schattenseiten, sie sind aber viel bequemer als die Latten und wer=
den namentlich für wissenschaftliche Untersuchungen benutzt, bei
denen es notwendig ist, an demselben Stamm unmittelbar nach=
einander verschiedene Längendimensionen zu bestimmen.

Da die Oberfläche des Stammes nicht parallel zu dessen Achse
verläuft, so begeht man einen Fehler, wenn die Instrumente zum
Längenmessen auf erstere gelegt werden, allein dieser ist so ver=
schwindend (selbst bei sehr abholzigen Stämmen nur etwa 1 : 20000),
daß er auch für feinere Arbeiten vernachlässigt werden darf.

§ 6. Geometrisches Höhenmessen.

Die Instrumente zum Messen der Höhen am stehenden Stamm
sind zwar ungemein mannigfaltig konstruiert, beruhen jedoch sämt=
lich nur auf zwei Prinzipien.

Sie bestimmen nämlich die Höhen entweder mit Hilfe ähnlicher
Dreiecke (geometrisches Höhenmessen) oder sie dienen zur
Bestimmung des Elevations= oder Depressionswinkels (trigono=
metrisches Höhenmessen), welchen sie teils in absoluter Größe
teils in der Form des Gefällprozentes angeben.

Theorie des geometrischen Baumhöhenmessens.
a) Standlinie horizontal.

Denkt man sich durch das Auge des Beobachters eine Horizontalebene gelegt,
so trifft diese je nach dem Standpunkt des Beobachters den Baum entweder
zwischen der Spitze(oder dem Punkt, dessen Höhe bestimmt werden soll) und dem
Fußpunkt und teilt ihn in zwei Stücke, von denen eines über, das andere unter
dieser Ebene liegt, oder sie geht unter dem Fußpunkt bzw. über der Spitze hinweg.

In jedem dieser drei Fälle ergeben sich unter der Voraussetzung eines ver=
tikalstehenden Schaftes und der hierdurch bedingten Parallelität zwischen
letzterem und dem an diesen Höhenmessern stets vorhandenem Lot durch Visieren
mittels geeigneter Vorrichtungen nach der Spitze des Baumes und dessen Fuß=
punkt ähnliche Dreiecke, welche zur Bestimmung der Baumhöhe benutzt werden
können.

Die folgenden schematischen Figuren (5—7) stellen die genannten drei
Fälle dar.

Bezeichnet A B die Baumhöhe und C den Punkt, in welchem die Horizontalebene durch das Auge des Beobachters die Achse des Stammes bzw. deren Verlängerung trifft, b, a und c die bei der Visur nach der Spitze und dem Fuß des Baumes vom Höhenmesser fixierten korrespondierenden Punkte, so erhält man die Baumhöhe A B = h in folgender Weise:

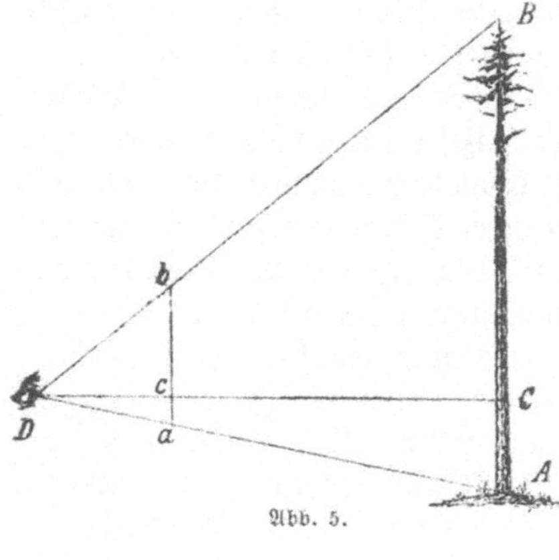

Abb. 5.

1. Die Ebene durch das Auge des Beobachters trifft den Stamm zwischen Spitze und Fußpunkt (Abbildung 5).

$$BC : bc = DC : Dc \text{ und hieraus}$$

$$BC = \frac{bc \cdot DC}{Dc}$$

$$CA : ca = DC : Dc \text{ daher}$$

$$CA = \frac{ca \cdot DC}{Dc}$$

$$BC + CA = AB = h = \frac{(bc + ca)\, DC}{Dc}$$

Bei den einfachsten Instrumenten wird CA direkt gemessen.

2. Die Visierebene geht unter dem Fußpunkt des Baumes hindurch. Aus Abbildung 6 folgt für diesen Fall:

$$h = BC - CA = \frac{(bc - ca)\, DC}{Dc}$$

3. Die Visierebene geht über der Spitze des Baumes weg. In analoger Weise wird hier, wie Abbildung 7 ersehen läßt:

$$h = CA - BC = \frac{(ca - bc)\, DC}{Dc}$$

Zur Ermittelung der Baumhöhen sind also zwei Messungen nötig, da der Höhenabstand der Spitze und des Fußpunktes gegenüber der Horizontalen getrennt bestimmt und erst durch Kombination dieser beiden Größen in der eben angegebenen Weise die Baumhöhe gefunden wird.

ac, bc und Dc werden am Instrument in derselben Maßeinheit abgelesen, in welcher die horizontale Entfernung DC direkt in der Natur ermittelt wird.

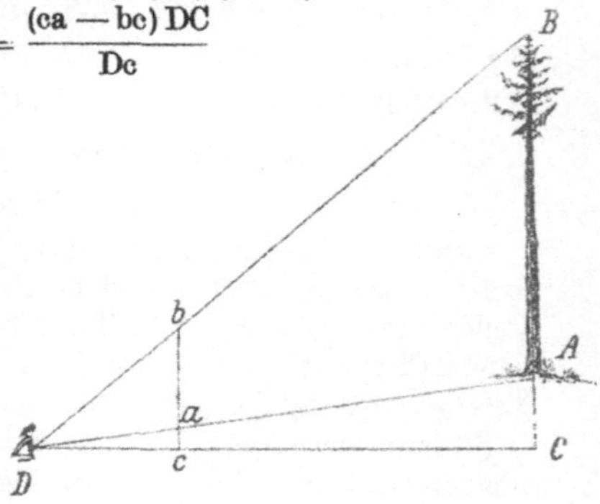

Abb. 6.

Die Lage der Dreiecke Dcb und Dca ist an den einzelnen Instrumenten je nach der Konstruktion sehr verschieden.

Die Messung von DC kann auch umgangen und AB auf indirektem Wege in folgender Weise ermittelt werden:

Stellt man (Abbildung 8) neben den Stamm eine Latte MN von bekannter Länge l so auf, daß die Entfernung des Beobachters von der Stammachse jener von der der Latte gleich ist und zielt außer nach der Spitze und dem Fußpunkt des Baumes auch noch nach den beiden Enden der Latte, so erhält man auf dem Höhenmesser neben den Abschnitten bc und ac auch noch die beiden anderen cm und cn, sowie die ähnlichen Dreiecke DCM und Dcm, bzw. DCN und Dcn:

Da $DC : Dc = AB : ab$

und $DC : Dc = MN : mn$, so ist auch

$$AB : ab = MN : mn$$

$$AB = \frac{ab \cdot MN}{mn} = \frac{ab \cdot l}{mn}$$

Die Modifikationen dieses Ausdruckes für die oben angeführten drei Fälle der Höhenmessung ergeben sich von selbst.

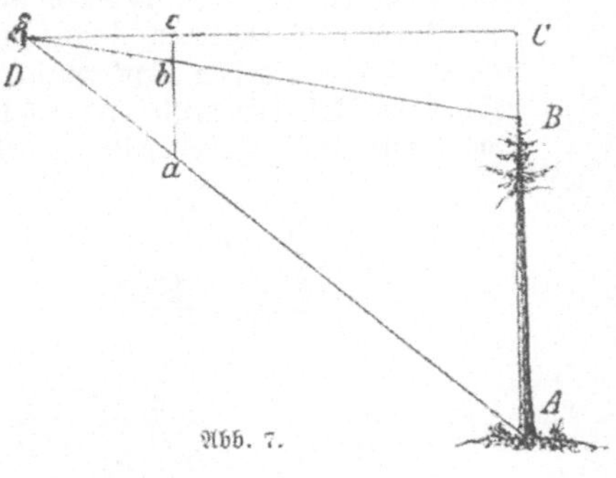

Abb. 7.

Diese indirekte Messung der Entfernung ist wegen der Schwierigkeit der exakten Einvisierung mit den gewöhnlich ziemlich primitiven Visiervorrichtungen der Baumhöhenmesser weniger genau, als die meist ohne Schwierigkeit ausführbare direkte Distanzmessung, und wird deshalb nur ausnahmsweise angewandt.

b) Standlinie geneigt.

Für jene Baumhöhenmesser, bei welchen es möglich ist, die Größe ba = m unmittelbar abzulesen (Klaußner, Ed. Heyer, Sanlaville) läßt sich die Theorie viel einfacher aus dem Satz ableiten: Werden parallele Linien durch Strahlen, die von einem Punkte ausgehen, geschnitten, so verhalten sich die entsprechenden, d. h. zwischen denselben beiden Strahlen gelegenen Abschnitte der Parallelen wie die zugehörigen Strahlenlängen. Bezeichnet l die Entfernung Da des Maßstabes, L = DA jene des Baumes vom Auge und h die Baumhöhe, so ist demnach:

$$l : L = m : h \quad \text{und}$$

$$h = \frac{L}{l} \cdot m$$

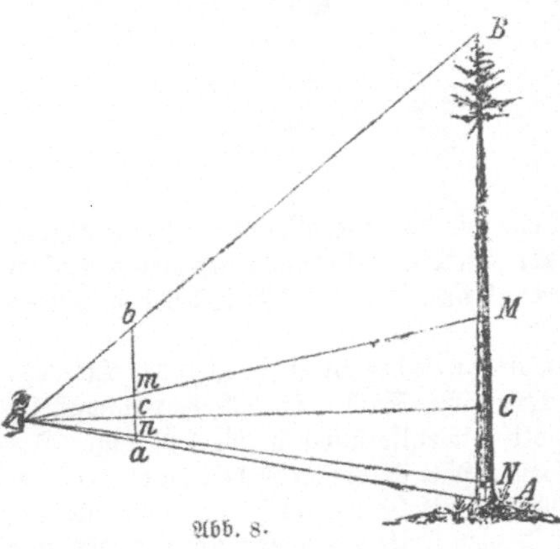

Abb. 8.

Die Zahl der Baumhöhenmesser (Hypsometer) ist eine sehr bedeutende. In der Praxis wirklich verwendbar sind nur jene, welche keines Stativs bedürfen und die gesuchte Baumhöhe ohne umständliche Rechnung ergeben. Am gebräuchlichsten sind die Höhenmesser von **Faustmann** und **Weise**.

Der Höhenmesser von Faustmann (Abbildung 9) besteht aus einem rechteckigen Brette, an dessen schmalen Kanten die Visiervorrichtungen parallel zu den Längskanten angebracht sind. Parallel zu den schmalen Kanten befindet sich ein Schieber, dessen Markierstrich auf so viele Teile der an dem Falze angebrachten Skala eingestellt wird, als die horizontale Entfernung des Messenden vom Baume in Längeneinheiten (gewöhnlich Meter) beträgt. An dem Schieber

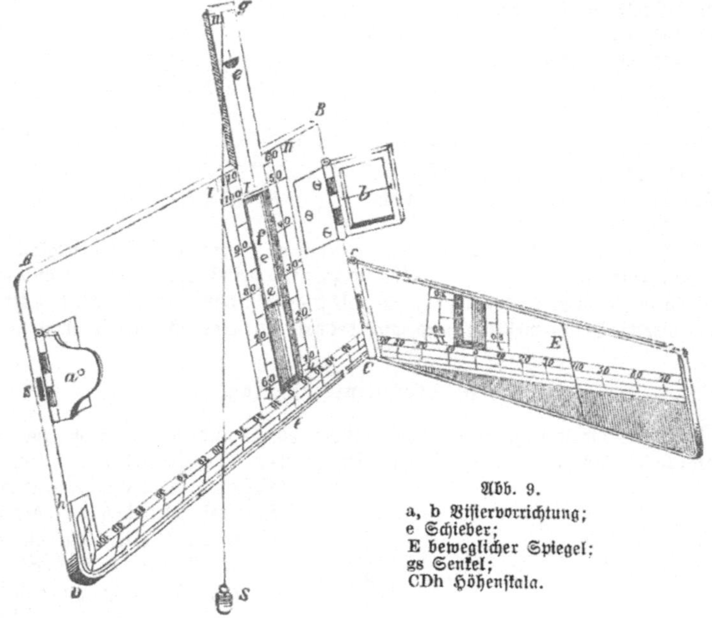

Abb. 9.

a, b Visiervorrichtung;
e Schieber;
E beweglicher Spiegel;
gs Senkel;
CDh Höhenskala.

ist auch ein Senkel befestigt, dessen Faden an der Höhenskala CDh die gemessene Höhe in der für die Messung der horizontalen Entfernung gewählten Einheit anzeigt. Das Ablesen geschieht während der Visur mit Hilfe des beweglichen Spiegels.

Bei Weise (Abbildung 10) tritt an die Stelle des Brettchens mit den Dioptern ein Visierrohr, an welchem sich ein prismatischer Stab in einer Hülse rechtwinkelig zur Visierachse entsprechend der Horizontalentfernung verschieben läßt. Am oberen Ende dieses Stabes ist ein Senkel statt an einem Faden an einem dreikantigen Metallprisma befestigt. Die Höhenskala ist parallel zur Visierrichtung seitlich am Rohre angebracht und mit kleinen Kerben versehen, um in diesen nach Messung der Höhe durch seitliches Drehen das Senkelprisma arretieren zu können.

Außer den Höhenmessern von **Faustmann** und **Weise** sei hier vor allem noch der **Klaußner**'sche Höhenmesser empfohlen. Letzterer ist bei aller Einfachheit eines der besten Instrumente und gibt die Höhen mit einer Ablesung.

Von der Möglichkeit mit Hilfe einer neben den Stamm gestellten Latte von bekannter Länge M die Höhe des Stammes ohne Messung der horizontalen Entfernung vom Aufstellungspunkt zu ermitteln, kann man in einfacher Weise, wie folgt, Gebrauch machen:

Man stellt neben den Stamm eine Stange von 2—4 m Länge und hält einen in Zentimeter geteilten Maßstab oder ein am unteren Ende etwas beschwertes Meßband so vor das Auge, daß die Visur über den Nullpunkt den Fuß des Baumes trifft, und liest sodann die durch Visur nach dem oberen Ende der Latte und der Spitze des Baumes geschnittenen Zentimeter = m und = n ab. Wenn M die Länge der Latte in Metern, so ist die Baumhöhe

$$h = M \frac{n}{m}.$$ Am einfachsten wird die Rechnung dann, wenn man so lange vor= oder zurückgeht, bis die Visur nach dem oberen Ende

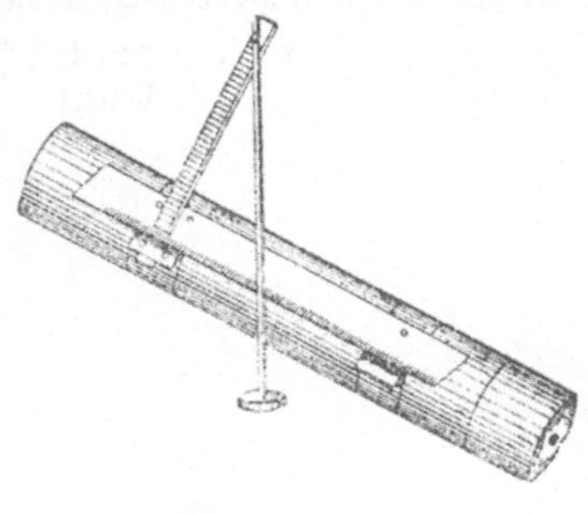

Abb. 10.

der Latte soviele Zentimeter am Maßstabe abschneidet, als die Latte Meter zählt, da alsdann die Ablesung bei der Visur nach der Baum= spitze sofort auch dessen Höhe in Metern angibt.

Am bequemsten ist der von Vorkampff=Laue und Borgmann ge= machte Vorschlag:

Man nehme in die eine Hand einen freipendelnden Stab (Stock) von etwa 80 cm Länge, an dessen unterem Ende $\frac{1}{10}$ der Länge abgeteilt ist. Nachdem der Stab mit der Baumlänge zur Deckung gebracht ist, merkt man sich am Stamm jenen Punkt, wo ihn die Visur über jene $\frac{1}{10}$= Marke trifft. Die mit einem Meßstab zu messende Entfernung dieses Punktes vom Fußpunkt des Stammes ist dann gleich $\frac{1}{10}$ der Höhe.

Nach dem gleichen Prinzip ist der Höhenmesser von Christen konstruiert, bei welchem mit einem Metallmaßstab von feststehender Länge so lange vor= und zurückgegangen wird, bis die Visuren über die obere und untere Kante des Einschnittes die Spitze und den Fußpunkt des Baumes treffen. Die Visur nach dem oberen Ende der an den Stamm gestellten 4 m langen Latte ergibt alsdann an der Teilung des Maßstabes die Baumhöhe in Metern.

§ 7. Trigonometrisches Höhenmessen.

Die Theorie des trigonometrischen Höhenmessens ist bei den gleichen allgemeinen Voraussetzungen, welche oben für das geometrische Höhenmessen gemacht wurden, folgende (Abbildung 11):

$$\text{In } \triangle \text{ BCD ist BC} = \text{DC tg } \beta$$
$$\text{In } \triangle \text{ DCA ist CA} = \text{DC tg } \alpha$$
$$\text{BC} + \text{CA} = h = \text{DC(tg } \alpha + \text{tg } \beta)$$

Wenn die horizontale Visierlinie nicht den Stamm selbst, sondern nur dessen Verlängerung nach unten oder oben trifft, wird analog der oben bei der Theorie des geometrischen Höhenmessens gegebenen Ableitung

$$\text{für den zweiten Fall: } h = \text{DC(tg } \beta - \text{tg } \alpha)$$
$$\text{„ „ dritten „ : } h = \text{DC(tg } \alpha - \text{tg } \beta)$$

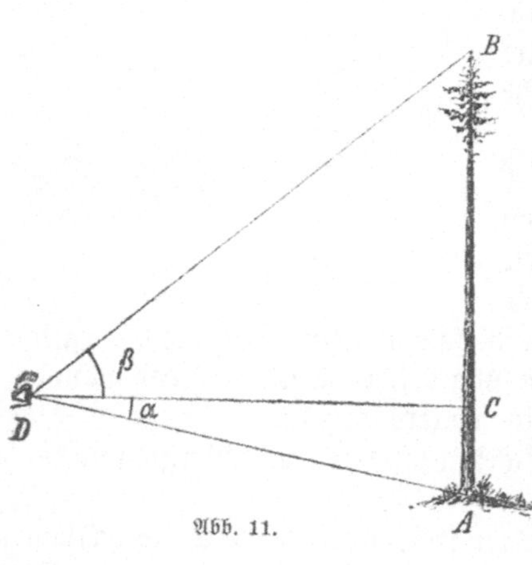

Abb. 11.

Zur Bestimmung der Baumhöhen auf trigonometrischem Wege können alle jene Instrumente benutzt werden, welche zur Messung von Vertikalwinkeln dienen.

Für die Zwecke der Holzmeßkunde werden aber nur die einfachsten dieser Instrumente, und zwar solche ohne Stativ gebraucht, deren Teilung gewöhnlich so eingerichtet ist, daß man statt der Winkel selbst entweder die entsprechenden Tangentenwerte (Preßler's Meßknecht) oder die Neigung der Visierlinie zur Horizontalen in Prozenten ausgedrückt ablesen kann.

Bei Instrumenten mit der zuletzt erwähnten Teilung (Spiegeldiopter von Abney-Dorrer, Höhenmesser von Spengler, Bose usw.) ist der vertikale Abstand H des anvisierten Punktes von der Horizontalen = E · $\frac{p}{100}$, wenn E die Entfernung vom Baum und p das abgelesene Prozent bezeichnet.

Als Fehlerquellen kommen bei den Höhenmessungen in Betracht: 1. ungenaue Ablesung infolge des Schwankens des Lotes bei bewegter Luft oder unruhigem Halten des Instrumentes, 2. fehlerhaftes Visieren namentlich Anmessen eines Punktes der Baumkrone statt des Endpunktes der Schaftachse oder ihrer Verlängerung bis zum Rand der Krone, 3. ungenaues Messen der Standlinie, 4. schiefe Stellung des Baumes.

Am genauesten wird bei sonst gleichen Umständen die Messung dann, wenn die horizontale Entfernung gleich der Höhe des Baumes genommen wird.

Die gebräuchlichsten besseren Instrumente zur Baumhöhen= messung gestatten eine Genauigkeit, welche je nach den äußeren Verhältnissen zwischen $\pm 1{,}0$ und $2{,}0$ m schwankt.

§ 8. Instrumente zum indirekten Messen der Durchmesser.

Mit verschiedenen Höhenmessern sind auch Vorrichtungen ver= bunden, welche gestatten, den Durchmesser eines stehen= den Baumes in beliebiger Höhe indirekt zu messen (Winkler, Klaußner, Sanla= ville und Wimmenauer).

Das zu Grunde liegende Prinzip besteht darin, daß aus der Größe eines auf den In= strumenten gemessenen Bo= gens oder einer kleinen Gera= den bc und aus deren Ent= fernung vom Baum der Durchmesser BC des letzteren abgeleitet wird (Abbild. 12).

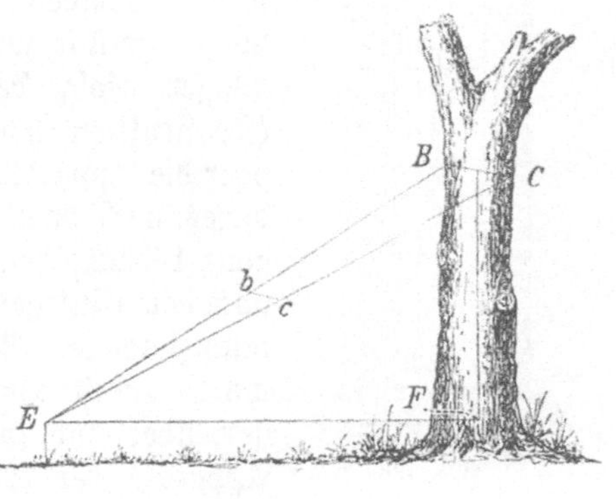

Abb. 12.

Da hierbei sehr kleine Winkel und Bogen unter relativ ungünstigen Verhältnissen (bei den älteren, einfach konstruierten Instrumenten ohne Fernrohr oder meist mit schlechter Beleuchtung des Objekts) gemessen werden sollen, so ergeben sich aus den unvermeidlichen Ungenauigkeiten bei der Einstellung und Ablesung solche Fehler= prozente, daß die mittelbare Messung von Durchmessern nur äußerst selten vorgenommen wird.

Das beste Instrument zur indirekten Messung des Durchmessers ist der Baumstärkenmesser von Friedrich, leider ist der um= ständliche Transport des ziemlich schweren und auch sehr teuren Instrumentes seiner Verbreitung hinderlich.

3. Instrumente zur physikalischen Kubierung.

§ 9. Xylometer und Wage.

Der Inhalt unregelmäßig geformter Holzstücke, namentlich der Äste und Wurzeln, kann nicht auf stereometrischem Wege gefunden, sondern muß nach den physikalischen Methoden der Inhaltsbestimmung der Körper ermittelt werden. Die für diesen Zweck zu verwendenden Instrumente sind das Xylometer (auch Aichgefäß genannt) und die Wage.

a. **Xylometer.** Das ihnen zu Grunde liegende Prinzip ist stets Messung des Volumens des durch das Eintauchen der Holzstücke verdrängten Wassers. Dieses kommt in zwei Formen zur Anwendung: entweder ist das betreffende Gefäß bis zu einer in der Nähe des oberen Randes befindlichen Ausflußöffnung mit Wasser gefüllt, und man ermittelt alsdann, wieviel Wasser infolge des Einlegens des Holzes ausfließt (Konstruktion von K. Heyer und R. Hartig), oder die Apparate sind nur soweit voll Wasser, daß dieses nach dem Eintauchen des Holzes letzteres ganz bedeckt; den Wasserstand liest man vor und nach dem Einlegen an einer geeignet geteilten kommunizierenden Glasröhre ab. Diese Konstruktion wurde zuerst von Reißig und Klauprecht angewendet und später von Zimmer verbessert[1].

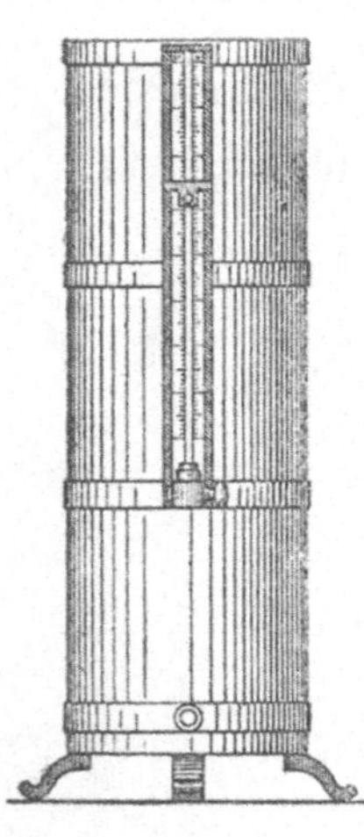

Abb. 13.

Apparate der erstgenannten Art werden gegenwärtig nur für gelegentliche Untersuchungen benutzt und können jederzeit ohne Schwierigkeit vorbereitet werden. Für genauere Arbeiten im Walde sind dagegen ausschließlich Xylometer mit Wasserstandsröhren in Gebrauch, welche Mechaniker Teßdorpf in Stuttgart liefert.

Diese Xylometer (Abbildung 13) sind zylindrische Gefäße aus Zinkblech mit einem Holzboden, von ca. 1,80 m Höhe und 0,60 m Durchmesser. In der halben Höhe beginnt das Wasserstandsrohr, an dessen Skala sich der Inhalt bis auf 0,5 cdm direkt ablesen läßt. Beim Gebrauch wird das Instrument horizontal aufgestellt, teilweise mit Wasser gefüllt und dessen Stand vor und nach dem Eintauchen abgelesen. Die Differenz beider Ablesungen ist gleich dem Volumen der betr. Holzstücke.

---

[1] Eine ausführliche Beschreibung der verschiedenen Xylometerkonstruktionen nebst Abbildung findet sich in: Baur, Untersuchungen über den Festgehalt und das Gewicht des Schichtholzes und der Rinde, Augsburg 1879, S. 92ff.

Für feinere Arbeiten im Laboratorium dienen die **Präzisions-xylometer** von **Friedrich**[1]), welcher zwei Formen konstruierte, die auf den beiden oben angeführten Prinzipien beruhen. Am empfehlens-wertesten ist jene Ausführung, bei welcher das vom Holz verdrängte Wasser ausfließt und dessen Volumen mittels eines Systems von Glasbüretten bis auf 0,1 ccm genau gemessen werden kann.

b. **Wage.** Da die xylometrische Behandlung bei größeren Holz-quantitäten (namentlich bei Reisig) zu zeitraubend und zu umständ-lich ist, so ermittelt man in solchen Fällen auf diesem Wege nur das Volumen eines kleinen Bruchteiles und leitet hieraus sowie aus den absoluten Gewichten das Volumen der ganzen Masse ab (vergl. § 15).

Das absolute Gewicht wird mittels gewöhnlicher Wagen erho-ben, und zwar bedient man sich mit Vorteil speziell der für die Zwecke der Holzmassenermittelung gebauten Schnellwagen, wie sie z. B. **Ottmann** in **Augsburg** liefert.

Diese Wagen gestatten eine Belastung bis zu 200 kg, wobei noch halbe Kilogramme abgelesen werden können, außerdem sind noch zwei weitere Teilungen (bis zu 80 kg in $^1/_5$ kg und bis zu 30 kg in $^1/_{10}$ kg) angebracht, demgemäß sind auch drei verschiedene Aufhängepunkte für die Last vorhanden. Dezimalwagen eignen sich zum Gebrauch im Walde wenig, weil die Aufstellung umständlicher und die Wägung selbst zeitraubender ist als bei Benutzung der Schnellwage. Außer-dem gehen leicht die kleinen Gewichte verloren, und das Auflegen des nicht in Wellen gebundenen Reisigs ist nur schwer auszuführen.

II. Ermittelung des Inhaltes einzelner liegender Stämme und Stammteile.

Die Holzmeßkunde zeigt, in welcher Weise die Kubierung ganzer Stämme und jener Stammteile, die als „Rohsortimente" oder „Waldsortimente" aus der Hand des Holzhauers hervorgehen, er-folgt; die Inhaltsberechnung des sogenannten appretierten Nutz-holzes gehört nicht in ihr Gebiet.

1. Stereometrisches Verfahren.

§ 10. Berechnung der Querflächen.

Die verschiedenen Formeln zur Kubierung der Stämme auf stereometrischem Wege setzen sämtlich die Kenntnis einer oder

---

[1]) Zentralblatt f. d. ges. Forstwesen 1894, S. 52.

mehrerer Querflächen voraus. Diese können entweder aus dem Umfange oder aus dem Durchmesser abgeleitet werden. Die Formeln hierfür sind unter Voraussetzung der Kreisform dieser Querfläche g:

1. bei bekanntem Umfange: $\dfrac{u^2}{4\pi} = 0{,}0796\ u^2$ oder

2. bei bekanntem Durchmesser: $\dfrac{\pi}{4}\,d^2 = 0{,}785\,d^2$

Die Querflächen der Bäume weichen jedoch fast stets mehr oder minder von der Kreisform ab. Im allgemeinen hängt ihre Form in der Hauptsache von folgenden Momenten ab:

1. Schaftteil (unten, soweit der Wurzelanlauf reicht, und oben in der Krone sowie auch schon etwas unterhalb der letzteren am un= regelmäßigsten).

2. Alter (jüngere Stämme sind im allgemeinen regelmäßiger geformt als ältere).

3. Holzart (Hainbuche und Pyramidenpappel zeigen die un= regelmäßigsten Querflächen).

4. Stand (im geschlossenen Stande ist der Wuchs regelmäßiger als im freien; einseitige Belastung wirkt stets deformierend).

Außerdem kommen noch als zufällige Ursachen in Betracht: Windige Freilage des Standortes, Aufreißen der Rinde im hohen Alter und schiefe Stellung des betreffenden Baumes.

Nach eingehenden Untersuchungen von Musset, Sachs, Th. Hartig, Nördlinger, Grundner[1] u. a. scheint es, daß die Quer= flächen der Bäume Ellipsen sind, deren große Achse auf demselben Standorte eine konstante Richtung und zwar meist von Westen nach Osten hat, sie wird hauptsächlich vom Faktor „Wind" beeinflußt.

Hieraus ergibt sich, daß die Umfangsmessung, abgesehen von den Ungenauigkeiten, welcher dieser Methode an und für sich an= kleben, meist unrichtige Resultate geben muß, weil der Kreis bei gleichem Umfang die größte Fläche einschließt; die in der Regel nicht kreisförmigen Querflächen werden demnach auf diesem Wege zu groß gefunden.

Nach Untersuchungen, welche die badische Forstdirektion im Jahr 1860 an= stellte, lieferte die Umfangsmessung Resultate, welche bei der Buche um 18%, Eiche um 7%, Fichte um 13% und Kiefer um 8% zu groß waren. Micklitz fand einen Flächenfehler von + 6,8%.

---

[1] Grundner, Untersuchungen über die Querflächenermittelung der Holz= bestände, Berlin 1882.

Aus vorstehender Erörterung folgt aber auch, daß zur genauen Bestimmung der Querfläche die Messung eines einzigen Durchmessers nicht ausreicht, sondern daß deren mindestens zwei, tunlichst zu einander rechtwinkelig stehende, und zwar wenn möglich der größte und der kleinste, gemessen werden müssen.

Die Praxis begnügt sich häufig mit der Messung eines einzigen Durchmessers, nur bei augenfällig elliptisch gewachsenen Stämmen sowie in verschiedenen Forsthaushalten für die Zwecke der Massenentwicklung werden zwei solche „über Kreuz" bestimmt. Letzteres ist bei wissenschaftlichen Untersuchungen Regel.

Die genaueste Inhaltsermittelung unregelmäßig geformter Querflächen (z. B. Pappel, Akazien usw.) erfolgt auf den Abschnitten nach den Regeln der Planimetrie (Äquidistanten, Polarplanimeter usw.).

Wenn mehrere Durchmesser gemessen sind, so wird das arithmetische Mittel hieraus der Flächenberechnung zu Grunde gelegt, da auf diesem Weg ein genaueres Resultat erhalten wird, als wenn man für jeden Durchmesser die zugehörige Kreisfläche berechnen und das Mittel aus letzterer nehmen wollte.

Wird der Stammquerschnitt als Ellipse mit den beiden halben Achsen a und b betrachtet, so ist sein Inhalt: $f = \pi ab$.

Bei der Berechnung des Querschnittes nach dem arithmetischen Mittel der Durchmesser ergibt sich:

$$f_1 = \pi \left(\frac{a+b^2}{2}\right)^2 = \pi ab + \frac{\pi}{4}\left(a-b\right)^2$$

Wird dagegen das Mittel aus der betreffenden Kreisfläche genommen, so hat man:

$$f_2 = \pi \left(\frac{a^2+b}{2}\right) = \pi ab + \frac{\pi}{2}\left(a-b\right)^2$$

Der Fehler ist also im zweiten Fall doppelt so groß als im ersten.

Unregelmäßige Stammstellen (z. B. Astabgänge) sind bei der Durchmesserbestimmung zu vermeiden, und ist in einem solchen Fall für sehr genaue Arbeiten der Durchmesser in gleicher Entfernung oberhalb und unterhalb der eigentlichen Meßstelle zu ermitteln und aus beiden Messungen das Mittel zu nehmen, meist begnügt man sich jedoch damit, etwas höher oder tiefer zu messen. Stärkere Ansätze von Borke, Moos usw. an der Meßstelle, welche den Durchmesser unrichtigerweise größer erscheinen lassen würden, sind vor der Messung zu entfernen.

Wird die Querfläche als kreisförmig angenommen, und beim Ablesen des Durchmessers ein Fehler von $\pm \varphi$ gemacht, so erhält man statt der richtigen Kreisfläche

$$g = \frac{\pi}{4} d^2 \text{ eine solche } g_1 = \frac{\pi}{4} (d \pm \varphi)^2,$$

mithin einen Flächenfehler:

$$g_1 - g = \frac{\pi}{4} [(d \pm \varphi)^2 - d^2] = \frac{\pi}{4} (\pm 2d\varphi + \varphi^2).$$

Da φ und φ^2 sehr klein sind, so kann man letzteres vernachlässigen und den Flächenfehler $\varDelta = \frac{\pi}{4} \cdot 2d\varphi$ annehmen.

Die Flächendifferenz $\varDelta$ ist demnach bei gleichbleibendem Fehler φ proportional dem Durchmesser und umgekehrt bei gleichem Durchmesser proportional φ.

In Prozenten der wahren Fläche g ausgedrückt ist der Fehler

$$\varDelta = \frac{p}{100} g \text{ und } p = \frac{\varDelta \cdot 100}{g}$$

$$\text{oder } p = \frac{\dfrac{\pi}{4} \cdot 2d\varphi}{\dfrac{\pi}{4} d^2} \cdot 100 = 200 \frac{\varphi}{d}.$$

Wenn ein bestimmter Genauigkeitsgrad bei den Messungen erzielt werden soll, muß also die Bestimmung des Durchmessers um so sorgfältiger vorgenommen werden, je kleiner letzterer ist.

Aus dem letzterwähnten Ausdruck läßt sich die Größe des Maximalfehlers für einen bestimmten Genauigkeitsgrad ableiten, indem

$$\varphi = \frac{pd}{200} \text{ ist.}$$

Soll z. B. p nicht größer sein als 2%, so ist die zulässige Fehlergröße:

bei d = 10 cm für $\varphi = 0,1$ cm
„ d = 20 „ „ $\varphi = 0,2$ „
„ d = 30 „ „ $\varphi = 0,3$ „ usw.

Ungleich geringeren Einfluß auf die Genauigkeit der Inhaltsberechnung als ein Fehler bei der Durchmesserermittelung, hat ein solcher, welcher bei der Längenmessung begangen wird.

Wird beim Messen der wirklichen Länge l ein Fehler ϑ gemacht, so ist das Fehlerprozent $p = \dfrac{\vartheta}{l}100$.

Da für Längenmeßfehler $p = 100\,\dfrac{\vartheta}{l}$, für Durchmesserfehler $p = \dfrac{200\varphi}{d}$, so sind beide gleich, wenn

$$\frac{200\varphi}{d} = \frac{100\vartheta}{l} \quad \text{oder} \quad \frac{\varphi}{d} = \frac{\vartheta}{2l}.$$

Ist z. B. $l = 25$ m, $d = 0{,}5$ m und $\vartheta = 1$ m, so ist das Fehlerprozent für die Bestimmung der Länge:

$$\frac{100 \cdot 1}{25} = 4\,\%.$$

Für den Durchmesser von 0,5 m berechnet sich mit dem gleichen Fehlerprozent:

$$4 = \frac{\varphi \cdot 200}{0{,}5};$$

$$\varphi = 0{,}01 \text{ m}.$$

Ein Längenfehler von 1 m hat demnach in diesem Fall einen gleich großen Einfluß auf die Genauigkeit des Resultates, als ein Fehler von 1 cm bei Bestimmung des Durchmessers.

§ 11. Kreisflächen- und Kubiktafeln.

Für den praktischen Gebrauch werden die Kreisflächen niemals nach den oben angegebenen Formeln berechnet, sondern aus den Kreisflächentafeln entnommen.

Die bekanntesten und gebräuchlichsten sind jene von: Kunze[1], Ganghofer[2] und Preßler[3]. Diese geben die Resultate auf drei oder vier Dezimalstellen von Quadratmetern; außer den bereits angeführten hat Kunze im Jahre 1868 auch „siebenstellige Kreisflächentafeln für alle Durchmesser von 0,01 bis 99,99" herausgegeben.

Außer den Kreisflächen werden bei der Holzmassenermittelung noch zwei andere sehr häufig vorkommende Rechnungen ebenfalls mit Hilfe solcher Tafeln ausgeführt, nämlich die Ermittelung des Kubikinhaltes und jene der Grundflächensumme mehrerer Stämme.

---

[1] Kunze, Hilfstafeln für Holzmassen-Aufnahmen, 3. Aufl., Berlin 1921.

[2] Ganghofer, Der praktische Holzrechner nach dem Metermaß, 5. Aufl., Augsburg 1920 (in Bayern eingeführt).

[3] Preßler, Forstliche Kubierungstafeln, herausgegeben von Neumeister, 15. Aufl., Wien 1912.

Für ersteren Zweck dienen die Kubiktabellen, welche für gegebene Durchmesser d und Längen l das Produkt $\frac{\pi}{4} d^2 \cdot l$ enthalten; für letzteren benutzt man die Kreisflächenmultiplikationstafeln (vielfache Kreisflächentafeln), aus welchen in gleicher Weise für verschiedene Durchmesserstufen d und Stammzahlen n die Produkte $\frac{\pi}{4} d^2 \cdot n$ zu entnehmen sind.

Wenn für die Längen nur Abstufungen von ganzen Metern angenommen werden, so kann ein und dieselbe Tabelle sowohl zum Aufschlagen der Kubikinhalte als auch der vielfachen Kreisflächen benutzt werden.

Der Einfachheit wegen sind die eben genannten Hilfstafeln gewöhnlich mit einander verbunden, dieses ist u. a. namentlich auch bei den drei oben genannten Werken von Ganghofer, Kunze und Preßler der Fall. Ausschließlich für die Zwecke der Maßenermittlung sind die Tafeln aus Behm[1] und Lizius und noch viele andere bestimmt.

Als sonstige Rechenhilfsmittel seien an dieser Stelle außer den Rechentafeln (besonders: Crelle) und Rechenmaschinen noch genannt der Rundholzrechenapparat Kubus[2]).

§ 12. Methoden für die Inhaltsberechnung liegender Stämme.

Die stereometrische Methode zur Berechnung des Inhalts der Bäume kann, von wenigen Ausnahmen (einzelne Äste) abgesehen, nur auf ihren regelmäßig geformten Teil, nämlich auf den Schaft oder auf Abschnitte hiervon, angewendet werden.

Setzt man voraus, daß der Schaft als Rotationskörper betrachtet werden darf, und nimmt Holzarten, welche bis zur Spitze durchgehende Schäfte bauen, wie z. B. die Fichte, so bildet der Durchschnitt einer Ebene, welche durch die Längsachse eines solchen Schaftes geht, mit der Baumoberfläche die Schaftkurve. Diese ist an der Spitze und an dem mittleren Teil konkav, am unteren Ende konvex gegen die Achse. Sie besteht in der Regel aus zwei,

---

[1] Behm, Kubiktabelle zur Bestimmung des Inhaltes von Rundhölzern, 20. Aufl., Berlin 1907 in Preußen eingeführt).

[2] Zu beziehen vom Erfinder: Sägewerksbesitzer Edmund Schneider in München.

verschiedenen Bildungsgesetzen unterliegenden Äſten, deren Scheidepunkt im Kronenanſatz liegt. Die Krümmung iſt innerhalb der Krone am unregelmäßigſten und ſtärkſten, wird in der Mitte ſchwächer und regelmäßiger und nimmt gegen unten im Bereich des Wurzelanlaufes allmählich wieder zu.

Die Form der Schaftkurve verschiedener Bäume weicht ziemlich von einander ab und iſt namentlich von der Holzart, dem Alter des Baumes, vom Kronenanſatz, der Stärke der Beaſtung ſowie von der mehr oder minder geſchloſſenen Stellung abhängig.

Unter gleichen Verhältniſſen erwachſene Bäume derſelben Holzart zeigen bei gleichem Alter wenigſtens nahe übereinſtimmende Formen, dagegen gibt es keine typiſchen Formen für die einzelnen Holzarten, es kommen vielmehr dieſelben Formen bei verſchiedenen Holzarten vor.

Wenn das Geſetz der Schaftkurve bekannt wäre, ſo brauchte man nur die Höhe des Stammes zu wiſſen, um deſſen Volumen nach der allgemeinen Formel für Rotationskörper:

$$v = \pi \int_0^1 y^2\, dx,$$

zu berechnen, worin x in der Achſe des Baumes von der Spitze an gerechnet wird und y rechtwinkelig dazu iſt.

Da aber nicht nur die einzelnen Holzarten verſchiedene Schaftkurven haben, ſondern dieſe auch für Bäume gleicher Holzart und gleichen Alters variieren, ſo ſind alle Verſuche einfache und allgemein gültige Gleichungen für die erzeugende Schaftkurve zu finden, bis jetzt reſultatlos geblieben.

Zu derſelben Formel gelangt man aber auch durch Berechnung des Stammes als Summe von Zylindern mit der unendlich kleinen Höhe dx und den Radien der Grundflächen y_0 bis y_1. In der Wirklichkeit gehen dieſe Zylinder über in Stumpfe von Paraboloiden mit den Mittenflächen $\gamma_1, \gamma_2 \ldots$ und den Höhen $l_1, l_2 \ldots$ Es iſt dann:

$$v = \gamma_1 l_1 + \gamma_2 l_2 + \ldots + \gamma_n l_n$$

Sind die einzelnen Abſchnitte gleich lang, ſo wird

$$v = (\gamma_1 + \gamma_2 + \ldots \gamma_n)\, l$$

Man braucht demnach nur die Summen der Mittenflächen mit der gemeinſchaftlichen Länge der Abſchnitte zu multiplizieren.

Nach dieser Methode wird die Inhaltsberechnung auf stereometrischem Wege bei wissenschaftlichen Arbeiten vorgenommen. Die Untersuchungen haben ergeben, daß selbst für die feinsten Arbeiten eine Länge der Abschnitte von 1 m genügt, in dem mittleren, regelmäßig geformten Teil des Schaftes können die Abschnitte auch 2—4 m lang gemacht werden, ohne daß eine nennenswerte Abweichung gegenüber der Berechnung nach kürzeren Abschnitten entsteht. Bei der Bildung von Sektionen steigt der Genauigkeitsgrad bei weiterer Zerlegung sehr rasch.

Die forstliche Praxis benutzt bei der Inhaltsberechnung die Tatsache, daß sich die Schaftkurven wenigstens streckenweise verschiedenen Umdrehungskörpern aus der Klasse der Paraboloide nähern, deren Gleichung: $y^2 = ax^m$ ist, wenn auch die Schaftform in keinen gesetzmäßigen Beziehungen zu diesen Rotationskörpern steht. Man kann daher unter Benutzung dieses Umstandes doch die Inhalte ganzer Baumschäfte nicht nur mit genügender Genauigkeit, sondern auch auf einfache Weise erhalten.

Aus der oben angeführten Gleichung $y^2 = ax^m$ ergeben sich, wenn man für m nacheinander die Werte 0, 1, 2 und 3 einführt, die Formen des Zylinders, apollonischen Paraboloides, gemeinen Kegels und des Neiloids mit dem Inhalt:

$$v_c = gl, \quad v_p = \tfrac{1}{2}gl, \quad v_k = \tfrac{1}{3}gl \quad \text{und} \quad v_n = \tfrac{1}{4}gl.$$

Noch größer wird die Übereinstimmung zwischen der Form des Schaftes und jener der genannten stereometrischen Körper, wenn man ersteren nicht als Ganzes, einschließlich der Spitze, sondern entwipfelt betrachtet.

Die entsprechenden Formeln für die Stumpfe der hierher gehörigen Kegelformen sind, wenn die oberen und unteren Querflächen mit g_0 und g_1, die Querflächen in der halben Höhe mit γ bezeichnet werden, folgende:

a) apollonisches Paraboloid: $v_p = \tfrac{1}{2}(g_0 + g_1)\, l = \gamma l$

b) gemeiner Kegel: $v_k = \tfrac{1}{3}(g_0 + g_1 + \sqrt{g_0 \cdot g_1})\, l$

c) Neiloid: $v_n = \tfrac{1}{4}\left[g_0 + \sqrt[3]{g_0\, g_1}\,(\sqrt[3]{g_0} + \sqrt[3]{g_1}) + g_1\right] l$

Zur Berechnung ist es daher erforderlich zu wissen, welcher Kegelform der betr. Schaft entspricht.

Die Untersuchungen haben nun ergeben, daß der Inhalt der Baumschäfte im allgemeinen zwischen jenem des gemeinen

Kegels und des Paraboloids von gleicher Grundfläche und Höhe schwankt, sich aber mehr dem letzteren nähert, ohne jedoch deshalb in der Form mit diesen Körpern übereinzustimmen.

Für die wirtschaftlichen Zwecke berechnet man daher die Masse des gefällten Schaftholzes ausnahmslos als abgekürzte Paraboloide nach der Formel: Mittelfläche mal Länge.

Eine Zerlegung in Abschnitte kommt bei den gewöhnlichen Massenermittelungen nur ausnahmsweise vor, bloß sehr wertvolle und lange Stämme werden bisweilen in mehrere, meist zwei Stücken gesondert berechnet; Regel ist die Kubierung im Ganzen. Für die Kubierung der Stämme in zwei Stücken mit den Durchmessern bei $\frac{1}{4}$ und $\frac{3}{4}l$ (Untermitte und Obermitte) hat Schiffel[1] auf Grund einer von ihm empirisch abgeleiteten Formel Tafeln berechnet, welche es gestatten, für Schäfte von 10—30 m Länge die Masse ohne weiteres mit einem sehr hohen Grad von Genauigkeit abzulesen.

Die Methode der Massenberechnung liegender Stämme aus Mittenfläche mal Länge ist bereits seit der zweiten Hälfte des 18. Jahrhunderts bekannt und wurde zuerst von Duhamel du Monceau 1764 und vom Mathematiker Kästner 1768 angegeben. 1787 erschienen in Gießen Kubiktabellen, welche nach gleichem Verfahren berechnet sind. Die preußische Revierförster-Instruktion von 1817 schreibt dieselbe Formel vor, und der bayrische Salinenforstinspektor Huber hat sie um 1825 in der Literatur warm empfohlen, weshalb sie öfters: Huber'sche Formel genannt wird, jedoch mit Unrecht, da Huber sie weder erfunden noch auch zuerst für forstliche Zwecke angewandt hat.

Über den Genauigkeitsgrad der Inhaltsermittelung nach der Formel γl sind von verschiedenen Seiten, namentlich von Schiffel[2] zahlreiche Untersuchungen angestellt worden. Diese haben ergeben, daß hierauf die Form der Schäfte von besonderem Einfluß ist. Stämme aller Holzarten, die dauernd im geschlossenem Bestand erzogen wurden, sind vollholzig und werden daher durchgehends zu hoch kubiert. Bei abholzigen Stämmen infolge freien Standes gibt die Formel γl zu kleine Resultate. Für Randstämme und im Blenderwald usw. können sogar ganz widersinnige Ergebnisse zum Vorschein kommen, indem häufig gekürzte Teile desselben

---

[1] Schiffel, Die Kubierung an Rundholz aus zwei Durchmessern und Längen, Wien 1902. Mitteilungen aus dem forstlichen Versuchswesen, Österreichs, XVII. Heft.

[2] Schiffel, Die Kubierung an Rundholz aus zwei Durchmessern und der Länge.

Schaftes größere Inhalte geben als die ungekürzten. (In einem Falle hat der untere 14 m lange Teil eines Schaftes einen größeren Inhalt gezeigt, als der ganze 26,3 m lange Schaft!) Je länger die Stammstücke sind, desto mehr neigt die Formel zu negativen Fehlern. Das Fehlerprozent ist mit Ausnahme von Fichte und Tanne bei der Messung ohne Rinde geringer als bei berindeten Stämmen.

Bei diesen Untersuchungen ist der Durchmesser stets auf Millimeter über Kreuz gemessen. In der Praxis bleiben aber die überschießenden Bruchteile von Zentimetern meist unberücksichtigt, bei der Messung über Kreuz wird dann auch noch der Mittelwert aus den beiden Messungen nach unten abgerundet. Dieses Verfahren hat zur Folge, daß die Inhalte stets zu gering gefunden werden. Nach Eberhard beträgt dieser Fehler durchschnittlich bei: Fichte — 6,82, Tanne — 5,35, Kiefer — 10,80 %. Schüpfer schätzt den hierdurch entstehenden Verlust für die bayerischen Staatswaldungen auf jährlich 52000 fm.

Außer der Formel γl sind in der Literatur noch zahlreiche andere Vorschläge für Berechnung der Masse liegender Stämme gemacht worden, welche aber sämtlich, obwohl die Mehrzahl theoretisch gute Resultate liefert, weder für wissenschaftliche Untersuchungen noch für die Zwecke der Praxis größere und bleibende Anwendung gefunden haben, da sie alle entweder mehr Elemente zur Berechnung brauchen oder doch schwerfälliger sind als die übliche Methode, ohne einen entsprechend größeren Grad von Genauigkeit zu erreichen. Unzweckmäßig sind alle jene Formeln, welche die Grundfläche des Stammes enthalten, weil diese, welche durch ihre relative Größe einen bedeutenden Einfluß auf das Resultat übt, wegen ihrer unregelmäßigen Form am unsichersten zu bestimmen ist.

Von sämtlichen sonstigen Formeln verdient nur die in Frankreich angewandte Näherungsmethode (Cubage au cinquième) Erwähnung. Sie lautet:

$$v = \left(\frac{u}{5}\right)^2 2\,l$$

worin u den Umfang und l die Länge bedeutet.

Sie liefert theoretisch ziemlich gute Ergebnisse, die mit jenen nach der Formel γl fast genau übereinstimmen und hat den Vorzug bequemer Anwendbarkeit ohne Kubiktabelle oder umständliche Rechnung.

§ 13. Kubierung nach Erfahrungszahlen.

Im Forstbetrieb werden einzelne Sortimente, die in großen Mengen anfallen und auch der Regel nach nicht in einzelnen Stücken, sondern losweise zum Verkauf gelangen, nicht stückeweise genau vermessen, sondern nach Erfahrungszahlen, die nach zahlreichen Probemessungen auf statistischem Wege ermittelt worden sind, kubiert. Dieses gilt insbesondere für folgende Sortimente:

a) Kubierung der Stammabschnitte (Bloche) nach Länge und Oberstärke.

In jenen großen Nadelholzgebieten, in welchen der überwiegende Teil des Nutzholzanfalles in Form von Blochen aufgearbeitet wird, werden häufig diese Stücke zu Gruppen von gleicher Länge und Oberstärke vereinigt. Diese Elemente, welche für die Preis-bestimmung hauptsächlich in Betracht kommen, bilden alsdann gleichzeitig auch die Grundlage für die Kubierung und Verbuchung. Bei diesem Verfahren wird nicht das wirkliche Volumen der ein-zelnen Stücke auf rechnerischem Wege ermittelt, sondern ihr Inhalt aus Tafeln entnommen, welche Durchschnittswerte aus genauer sektionsweiser Kubierung zahlreicher Bloche von der entsprechenden Länge und Oberstärke enthalten. Die hierbei sich ergebenden Un-regelmäßigkeiten werden bei Aufstellung der Tafeln auf graphischem Wege ausgeglichen.

Der wirkliche Inhalt eines einzelnen Bloches kann durch der-artige Tafeln nur ausnahmsweise genau bestimmt werden.

Kunze hat auf Grund umfangreicher Erhebungen solche Tafeln berechnet, welche in Preßlers „Forstlichem Hilfsbuch" enthalten sind.

Als Beispiel einer Massentafel für Nadelholzklötze nach Oberstärke möge folgender Auszug dienen:

Oberer Durchmesser in Zentimetern	Länge in Metern				
	3	3,5	4	4,5	5
	fm				
20	0,11	0,14	0,16	0,19	0,21
21	0,12	0,15	0,17	0,20	0,23
22	0,13	0,16	0,19	0,22	0,25
23	0,15	0,17	0,20	0,24	0,27
24	0,16	0,19	0,22	0,25	0,29
25	0,17	0,20	0,24	0,27	0,31

b) Kubierung der Stangen.

Nach den Vereinbarungen über die Aufstellung einheitlicher Holzsortimente versteht man unter Stangen: entwipfelte oder unentwipfelte Langnutzhölzer, welche bei 1 m oberhalb des unteren Endes gemessen bis 14 cm einschl. stark sind.

Bei der Massenermittelung für die Zwecke der forstwirtschaftlichen Buchführung werden nicht die einzelnen Stangen nach Mittenstärke und Länge kubiert, sondern es sind in den meisten Forstverwaltungen für jedes Stangenholzsortiment Durchschnittswerte vorgeschrieben, welche nach einer größeren Anzahl von Messungen ermittelt wurden.

Die einschlägigen Bestimmungen für einen großen Teil der preußischen Staatsforsten sind z. B. folgende:

Sortiment	Durchmesser	Länge	feste Holzmasse pro Stück
Stangen	cm	m	fm
Stangen I. Klasse	12,1—14	10—13	0,09
„ II. „	10,1—12	8—13	0,06
„ III. „	7—10	6—11	0,03
„ IV. „	5—7	10	0,015
„ V. „	3—5	6	0,005
„ VI. „	3 und weniger	5	0 002

Man hat auch Massentafeln in der gleichen Weise, wie oben für Stammabschnitte angegeben, für Stangenhölzer abgeleitet, welche für jede Holzart nach den Durchmessern bei 1 m vom Stockende und der mittleren Länge den Inhalt für je 100 Stangen oder, bei den stärkeren Sortimenten, für jedes Stück angeben. Bisweilen haben diese auch die durch nachstehendes Beispiel ersichtlich gemachte Anordnung:

Schuberg hat verschiedene derartige Tabellen aufgestellt; als Muster einer solchen möge hier jene für Fichtenhopfenstangen II. Klasse folgen:

Durchmesser 7 cm (1 m vom unteren Ende).

Länge	Stückzahl					
m	10	20	30	40	50	60
	fm					
8	0,166	0,322	0,498	0,664	0,830	0,996
9	0,188	0,376	0,564	0,752	0,940	1,128
10	0,211	0,422	0,633	0,844	1,055	1,266

Wenn solche Massentafeln oder sonstige Angaben fehlen, werden an einigen Stücken aus den verschiedenen Verkaufslosen Länge und Mittenstärke gemessen, hiernach berechnet man ihren Inhalt und benutzt das Mittel hieraus zur Kubierung der übrigen Stangen.

c) Vermessung fertig zugeschnittener Grubenhölzer nach Gruben-holztafeln.

Die in großen Massen anfallenden Grubenhölzer werden, wenn sie fertig zugeschnitten, also nicht in Form von Stangen, zum Verkauf gelangen, nach Tafeln kubiert, die den Festgehalt entweder für je 1 oder für je 100 Stück geordnet nach Längen und Zopfstärken angeben. Sie sind teils für berindete teils für unberindete Hölzer berechnet.

Die gebräuchlichsten Grubenholztafeln sind jene von Lehnpfuhl[1]) und von Junack[2]). Letztere sind für das oberschlesische Kohlenrevier mit den mächtigen Kohlenflößen bestimmt, wo sehr lange Gruben-stempel (bis 18 m) verlangt werden, während jene von Lehnpfuhl nur bis 5 m Länge gehen.

2. Physikalisches Verfahren.

Der Inhalt unregelmäßig geformter Holzstücke, also namentlich der Äste und des Wurzelholzes, kann in der bisher besprochenen Weise nicht ermittelt werden, hierzu muß man die physikalischen Methoden unter Benutzung der oben (§ 9) geschilderten Apparate, des Xylometers und der Wage, anwenden.

§ 14. Ermittelung des Derbgehaltes nach dem Raum-inhalte des verdrängten Wassers.

Der Xylometer, dessen Konstruktion bereits oben auf S. 18 be-sprochen worden ist, wird nach der Horizontalstellung etwa zur Hälfte mit Wasser gefüllt, und der Stand des letzteren mit Hilfe der Wasser-standsröhre an der Skala abgelesen, hierauf taucht man das zu unter-suchende Holz im Apparat unter. Falls dieses nicht von selbst ganz untersinkt, so bedient man sich zum Herabdrücken eines dünnen Stabes oder einer durchlöcherten Blechscheibe mit Knopf. Hierauf wird die zweite Ablesung des Wasserstandes gemacht. Die Differenz beider Ablesungen gibt das Volumen des Holzes.

---

[1]) Lehnpfuhl, Maßtafel für Grubenhölzer, 2. Aufl., Berlin 1910.

[2]) Junack, Grubenholztabelle für das oberschlesische Kohlenrevier, Neudamm 1909.

Sowohl um das Geschäft möglichst zu fördern, als um die Häufung von Ablesungsfehlern zu vermeiden, sucht man die Leistungsfähigkeit des Xylometers möglichst vollständig auszunutzen und taucht deshalb gleichzeitig stets so viel Holzstücke unter, als entweder überhaupt in den Xylometer gebracht werden können (bei Reisholz) oder als nach der Einrichtung der Skala möglich ist (bei stärkeren Holzstücken).

Bei den jetzt nur noch selten gebräuchlichen Konstruktionen des Xylometers nach dem Heyer'schen Prinzip wird dieser zuerst vollständig gefüllt und dann Vorsorge getroffen, daß das von den Holzstücken verdrängte Wasser aufgefangen und dessen Volumen mittels geeigneter Gefäße von bekanntem Inhalt gemessen wird.

Der Inhalt der Zweige wird bei Laubholz und der Lärche im blattlosen Zustande, jener der übrigen Hölzer, einschließlich der Nadeln, bestimmt. Wenn Laubholzreisig im Sommer untersucht werden muß, so wird eine Reduktion nach den Ergebnissen einer probeweisen Entlaubung vorgenommen.

Bei der Inhaltsbestimmung mit Hilfe des Xylometers unmittelbar nach dem Fällen ist eine Beeinträchtigung der Genauigkeit der Messung infolge des Aufsaugens von Wasser nicht zu befürchten, aber auch dann, wenn diese Untersuchung an lufttrockenem Holze vorgenommen wird, ist deren Zeitdauer so kurz, daß die Volumenveränderung infolge der Wasserabsorption für die vorliegenden Zwecke nicht in Betracht gezogen zu werden braucht. Dagegen muß bei Ermittelung des absoluten spezifischen Trockengewichtes das Einsaugen von Wasser durch Bestreichen der bei 100° getrockneten Holzstücke mit Leinöl oder Paraffin verhütet werden.

§ 15. Ermittelung des Derbgehaltes aus dem absoluten und spezifischen Grüngewichte des Holzes.

Ausgedehnte xylometrische Inhaltsbestimmungen sind ebenso umständlich und zeitraubend als kostspielig, sowie wegen der Schwierigkeit der Wasserbeschaffung bisweilen überhaupt nicht durchführbar.

Man kürzt daher das Verfahren, wenn es sich um die Festgehaltsbestimmung größerer Mengen des gleichen Sortiments, namentlich um jene von Reisig handelt, in folgender Weise ab: Von der ganzen Menge des zu untersuchenden Holzes wird zuerst (Trennung nach den üblichen Sortimenten vorausgesetzt) das absolute Gewicht G und sodann an einem kleinen Bruchteil hiervon sowohl das absolute Gewicht g als auch der Inhalt v, letzterer durch xylometrische Behandlung erhoben.

Da sich für gleichartige Körper die Volumina verhalten wie die zugehörigen absoluten Gewichte, so findet man das Volumen V der betreffenden Gruppe nach der Proportion

$$v : V = g : G$$
$$V = \frac{v \cdot G}{g}$$

Es sei z. B. der Festgehalt von 80 Wellen Fichtenreisig zu bestimmen. Das Gesamtgewicht G derselben ist 1360 kg, von 10 Wellen wurde das Gewicht g = 170 kg und das Volumen v = 165 cdm ermittelt. Der Festgehalt sämtlicher Wellen ist demnach: $V = \frac{165 \cdot 1360}{170} = 1320$ cdm.

Mittels der in oben angegebener Weise ermittelten Daten v und g kann man aber auch das spezifische Grüngewicht s ermitteln, indem $s = \frac{g}{v}$ unter der Voraussetzung, daß 1 cdm Wasser genau 1 kg wiegt, was vollständig nur bei 4° C zutrifft. Bei den gewöhnlichen Temperaturen ist der Unterschied jedoch so gering (bei 10° wiegen 1,00027 cdm, bei 15° wiegen 1,00085 cdm Wasser 1 kg), daß er für die hier in Betracht kommenden Zwecke und möglichen Genauigkeitsgrade unbeachtet bleiben darf.

Aus dem spezifischen Grüngewichte s und dem absoluten Gewicht G berechnet sich:

$$V = \frac{G}{s}$$

In dem oben angegebenen Beispiele ist z. B. $s = \frac{170}{165} = 1,03$ und V findet man alsdann auf diesem Wege $= \frac{1360}{1,03} = 1320$ wie oben.

Die Berechnung des spezifischen Grüngewichtes hat deshalb besonderes Interesse, weil öfters xylometrische Untersuchungen überhaupt nicht vorgenommen werden, sondern der Inhalt aus dem im Einzelfall zu erhebenden absoluten Gewichte und dem aus anderen Untersuchungen bereits bekannten spezifischen Gewichte berechnet wird.

Da das spezifische Grüngewicht nach Holzart, Alter, Sortiment, Fällungszeit und Gesundheitszustand sehr wechselt, so gibt das oben erwähnte Verfahren nur dann gute Resultate, wenn Mittel-

werte aus zahlreichen Untersuchungen, welche für die gleichen Ver=
hältnisse angestellt worden sind, vorliegen.

Vom Verein deutscher forstlicher Versuchsanstalten sind 1876
bis 1878 ausgedehnte Erhebungen über das spezifische Grüngewicht
vorgenommen worden, welche Professor Dr. von Baur in dem
Werke „Untersuchungen über den Festgehalt und das Gewicht des
Schichtholzes in der Rinde", Augsburg 1879, veröffentlicht hat.

§ 16. Berechnung der Holzmassen nach Schichtmaß.

Jene Baumteile, welche beim Fällungsbetrieb nicht als „Lang=
nutzholz" (Stämme, Bloche oder Stangen) liegen bleiben, werden
für den Verkauf und sonstige Zwecke der Wirtschaft in bestimmte
Raummaße gelegt und nach diesen gemessen; eine Ausnahme macht
nur das schwächere Reisholz, welches in manchen Gegenden nicht
in dieser Weise aufgearbeitet, sondern in „Wellen" von bestimmter
Länge und Stärke gebunden wird.

Die Sortierung erfolgt jetzt allgemein nach den vom Verein
deutscher forstlicher Versuchsanstalten im Jahre 1875 vereinbarten
„Bestimmungen über Einführung gleicher Holzsortimente und einer
gemeinschaftlichen Rechnungseinheit für Holz im Deutschen Reich."

Der Rauminhalt dieser Schichtmaße ergibt sich in bekannter
Weise als Produkt von Länge und Höhe des Stoßes mit Länge der
Holzstücke. Auf geneigtem Gelände wird die Abmessung der Länge
des Stoßes nicht auf dem Boden, sondern rechtwinkelig zu den
vertikal einzuschlagenden Stützen vorgenommen, da im ersten
Fall, statt der richtigen Länge l, eine solche von l cos α erhalten wird,
wobei α den Neigungswinkel des Geländes bezeichnet. Bei einem
Neigungswinkel von 25° würde der Fehler 9,4% der richtigen
Länge und des richtigen Rauminhaltes betragen.

Für die Zwecke der forstwirtschaftlichen Buchführung muß nun
ermittelt werden, wieviel solide Holzmasse in den Raummaßen ent=
halten ist. Diese Umrechnung geschieht mit Reduktionsfaktoren,
welche durch genaue Untersuchung einer großen Anzahl von Raum=
maßen für die einzelnen Sortimente abgeleitet werden. Die Er=
mittelung dieser Reduktionsverfahren erfolgt entweder auf stereo=
metrischem oder auf physikalischem Wege.

Ersteres Verfahren, welches nur bei glatten und geraden Holz=
stücken zulässig ist, wird in folgender Weise ausgeführt: Nachdem
die Rundlinge in der vorgeschriebenen Länge vom Stamm ab=

geschnitten worden sind, werden ihre Mittenstärken gemessen, um aus dem Produkt von Mittenstärke und Länge ihren Inhalt zu berechnen. Haben die Rundlinge die für Scheitholz erforderliche Stärke, so werden sie zunächst aufgespalten; hierauf füllt man mit derartig behandelten Holzstücken eine größere Anzahl von Raummaßen und erhält so in einfacher Weise den durchschnittlichen Festgehalt eines Raummeters von dem betreffenden Sortiment.

Bei krummem und knorrigem Holz, ferner bei Stock- und Reisholz wird der Festgehalt der Raummaße entweder ausschließlich auf xylometrischem Wege oder durch das kombinierte xylometrische und Gewichtsverfahren bestimmt.

Reduktionsfaktoren zur Berechnung des Festgehaltes sind sowohl vom Verein deutscher forstlicher Versuchsanstalten als auch von der österreichischen Versuchsanstalt ermittelt und veröffentlicht worden[1]).

Der durchschnittlich Derbgehalt beträgt nach den Zusammenstellungen von Baur für Laub- und Nadelholz zusammen:

je Raummeter Brennholzscheit	glatt und gerade	stark	75 %
		schwach	72 „
	knorrig und krumm	stark	69 „
		schwach	66 „
je Raummeter Brennholzknüppel	glatt und gerade	stark	72 „
		schwach	66 „
	knorrig und krumm	stark	64 „
		schwach	60 „
„ „ Astreisig			16 „
„ „ Stockholz	stark mit wenig Wurzelholz		47 „
	schwach mit wenig Wurzelholz		46 „

100 Normalwellen von Astreisig enthalten 1,88 Festmeter.

Die in den Forstverwaltungen gebräuchlichen Reduktionsfaktoren sind viel weniger speziell ausgeschieden und entsprechen keineswegs vollständig den Ergebnissen der mühsamen und umfangreichen Untersuchungen, sie sind z. B.:

	in Preußen	in Hessen
für Kloben	0,7	0,7
„ Knüppel	0,7	0,6
„ Stockholz.	0,4 u. 0,3	0,5
„ Reisig in Raummetern	0,2	0,2
„ Reisig in Wellen je Hundert	—	2,00

Auf den Festgehalt der Raummaße sind wesentlich folgende Momente von Einfluß:

---

[1]) Baur, Untersuchungen über den Festgehalt des Holzes und das Gewicht des Schichtholzes und der Rinde, Augsburg 1879 und Seckendorf, Mitteilungen aus dem forstlichen Versuchswesen Österreichs, Wien 1877.

1. **Form und Beschaffenheit der Holzstücke.** Je stärker, glatter und gerader die Holzstücke sind, desto größer ist der Derb=gehalt, je krummer, knorriger und unsauberer, desto geringer. Beim Stockholz kommt außerdem noch in Betracht, ob die Stöcke länger oder kürzer abgeschnitten und mehr oder weniger feingespalten sind. Letzteres gilt auch für das Scheitholz. Werden die Scheite sämtlich noch einmal durchgespalten, so steigt der Inhalt der Raummaße beim Einschichten bis um 12%, werden aus einem Scheit je vier gemacht, so erhöht er sich bis um 25%. Diese Tatsache verstehen die Holzhändler sehr gut auszunutzen. In den Staatsforstverwal=tungen bestehen deshalb meist Vorschriften über die kleinsten und größten zulässigen Stärken der Scheite.

In Hessen soll die Rindenseite 15—30 cm messen, in Bayern die Sehne nicht kleiner als 20 cm sein.

2. **Die Länge der Holzstücke (Kloben oder Knüppel).** Die Raummaße enthalten um so mehr solide Holzmasse, je kürzer die Holzstücke sind, weil alsdann die Krümmungen und Uneben=heiten mehr verschwinden und das Holz sich dichter zusammen=legen läßt.

Nach den Untersuchungen von König und Klauprecht bestehen bei den ver=schiedenen Längen von 0,3 bis 1,8 m für Scheitholz Differenzen von ca. 10—12% und für Astholz von 20%.

In Hessen beträgt in vielen Gegenden die Scheitlänge 1,25 m. Die von der hessischen Versuchsanstalt bei Kiefern vorgenommenen vergleichenden Erhebungen über den Festgehalt bei verschiedenen Längen haben ergeben für:

	bei 1,25 m Länge	bei 1 m Länge
starkes Scheitholz	69,9%	73,5%
schwaches "	64,9 "	69,6 "
starkes Knüppelholz	71,9 "	72,3 "
schwaches "	64,6 "	68,4 "
Reisholz pro Wellenhundert .	2,4 fm	2,6 fm

3. **Art der Schichtung.** Mehr oder weniger sorgfältige Ein=schichtung hat bedeutenden Einfluß auf den Festgehalt, zu hohe Stöße lassen sich schwer und deshalb weniger dicht setzen. Schief eingeschlagene und gebogene Stützen beeinträchtigen die Regel=mäßigkeit der Abmessung sehr.

Das in verschiedenen Gegenden übliche Übermaß (Schwindmaß, Darrscheit) steigert selbstverständlich auch den Festgehalt entsprechend und muß daher bei der Umrechnung ebenfalls in Betracht gezogen werden.

§ 17. Ermittelung der Rindenmasse.

Bei verschiedenen Holzarten, besonders bei der Eiche, Fichte und Tanne gelangt die Rinde auch für sich allein zur Abgabe und muß deshalb, abgesehen von dem Verkaufsmaß (bei der Eichenrinde häufig das Gewicht), auch nach dem Festgehalt bestimmt werden. Dieses kann ebenfalls sowohl auf stereometrischem als xylometrischem Wege geschehen.

Im ersten Falle mißt man bei den einzelnen zu entrindenden Trummen oder für jede Sektion der Stämme vor und nach dem Entrinden den Mittendurchmesser an der gleichen Stelle auf Millimeter genau und erhält in der Differenz der nach beiden Messungen ausgeführten Kubierungen den Inhalt der Rinde. Ein anderes, jedoch weniger genaueres Verfahren besteht darin, daß man zuerst eine Anzahl Raummeter berindetes Holz aufsetzen, hierauf das Holz entrinden und abermals aufschichten läßt. Aus der Anzahl Raummeter vor und nach dem Entrinden läßt sich sowohl die Rinden= masse als auch deren Anteil an der gesamten Holzmasse nach Pro= zenten ableiten.

200 Raummeter im berindeten Zustand füllten nach dem Entrinden nur noch 185 Raummeter.

$$\frac{200 - 185}{200} \cdot 100 = 7{,}5\,\%.$$

Bei Anwendung des xylometrischen Verfahrens kann man in doppelter Weise vorgehen. Es kann nämlich entweder mit Hilfe des Xylometers das Volumen der Rinde direkt ermittelt werden, oder man behandelt die Trumme sowohl vor als auch nach dem Ent= rinden xylometrisch und erhält in der Differenz der Volumina die Masse der Rinde.

Bei Stämmchen und Ästen von geringer Stärke, wie sie nament= lich im Eichenschälwald vorkommen, kann nur die physikalische Me= thode für die Festgehaltsbestimmung der Rinde angewendet werden.

Wenn die Rinde nach Gebunden verkauft wird, ist es zweckmäßig, den Derbgehalt aus dem absoluten und spezifischen Gewichte, welch' letzteres an einer kleineren Anzahl von Bündeln ermittelt wird, zu bestimmen.

Nach den Untersuchungen der deutschen forstlichen Versuchsanstalten (ver= öffentlicht von Baur in dem bereits mehrfach zitierten Werke) beträgt der Fest= gehalt von:

```
1 Raummeter Fichten- oder Tannenrinde      0,2—0,4 fm
1     „        Eichenrinde ..............      0,4   „
100 kg Fichten- und Tannenrinde .......     0,13   „
100  „ Eichenaltrinde .................  0,13—0,14 „
100  „ Eichenjungrinde ...............  0,11—0,12 „
100 Eichennormalwellen, grün ..........     0,2    „
100       „          waldtrocken......    1,5    „
```

Die Kenntnis des Anteiles der Rindenmasse an der Bestandes=
masse ist da von besonderem Interesse, wo das Holz im entrindeten
Zustand oder unter Abrechnung der Rinde verwertet wird. Da die
Bestandesmassenermittelung bei der Forsteinrichtung im stehenden
Zustand, also mit der Rinde gemessen wird, während die Auf=
nahme des aufgearbeiteten Holzes ohne Rinde erfolgt, so ergibt
sich eine Differenz, die bei der Buchführung nicht vernachlässigt
werden darf.

Die Rindenmasse schwankt je nach Holzart, Alter, Standort und
Bestandesstellung zwischen 6 und 20%.

Flury hat folgende Werte der Rindenprozente gefunden:

Holzart	Mittelwert %	Minimum %	Maximum %
Buche	7,3	5,2	10,3
Fichte	9,9	6,2	14,3
Kiefer	7,7	4,0	9,6
Lärche	20,0	16,8	24,3
Tanne	10,6	6,7	13,3

Nach Guttenberg beträgt die Rindenmasse bei Fichten
auf besten Standorten 7— 8%
„ geringen   „   10—12%

Das Rindenprozent wird sehr verschieden hoch gefunden, je
nachdem man von den Ergebnissen genauer sektionsweiser
Kubierung oder von jener aus Mittenstärke und Länge unter
Außerachtlassung der überschießenden Bruchteile von Zentimetern
ausgeht.

In letzterem Fall berechnet sich ein erheblich geringeres Rinden=
prozent als in ersterem, namentlich bei jenen Holzarten und
Stämmen, welche nur an den unteren Teilen eine starke, borkige
Rinde besitzen. Dieses tritt besonders bei Kiefer und Lärche
hervor, bei Kiefer haben z. B. Kunze 16%, ich 15% als Maxi=
mum gefunden gegenüber dem von Flury angegebenen Betrag
von 9,6%.

III. Ermittelung des Inhaltes einzelner stehender Bäume.

1. Schätzung nach dem Augenmaße.

§ 18. Methoden.

Da Instrumente zur Messung der Durchmesser in beliebiger Höhe über dem Boden, die zur Anwendung in der Praxis geeignet sind, fehlen und auch die sektionsweise Messung (s. unten S. 50) nur ausnahmsweise zur Anwendung gelangt, so spielt die Methode der Schätzung nach dem Augenmaße auch heute noch eine wichtige Rolle für die Ermittelung der Masse einzelner stehender Bäume.

Dabei kann entweder direkt der Massengehalt des Baumes angegeben werden, indem man diesen im Gedächtnis mit anderen Bäumen von bekanntem Inhalt vergleicht, oder es werden die einzelnen Faktoren geschätzt, aus welchen sich die Masse des Baumes zusammensetzt, nämlich: Höhe, Stammgrundfläche und Formzahl.

Das erstgenannte Verfahren liefert nur bei großer Übung und guter individueller Anlage annähernd richtige Resultate; am günstigsten gestaltet sich das Verhältnis bei jenen Personen, welche schon längere Zeit in der Lage waren, unter den gleichen Bestandes=verhältnissen solche Schätzungen vorzunehmen und letztere mit den Ergebnissen der Aufarbeitung zu vergleichen. Fehler von 25% sind beim einzelnen Baume trotzdem nicht ausgeschlossen, während sich diese bei einer größeren Anzahl von Stämmen so ausgleichen können, daß das Ergebnis der Schätzung der Wirklichkeit ziemlich gut entspricht.

Das zweite Verfahren ist eine rohe Anwendung der im nächsten Abschnitt zu besprechenden Massenermittelung mit Hilfe von Form=zahlen. Da es immerhin leichter ist, Höhe und Grundstärke zu schätzen als die ganze Baummasse, und da ferner die Formzahlen annähernd bekannt sind, so wird sich auf diesem Wege im allge=meinen ein genaueres Resultat ergeben, als auf dem vorher be=sprochenen.

Die besten Ergebnisse liefert die folgende Vorschrift von Denzin: Man erhebe den nach Dezimetern angesprochenen (oder gemessenen) Brusthöhen=Durchmesser ins Quadrat und streiche alsdann eine Stelle ab. Wenn also z. B. der Durchmesser = 5 dcm, so ist der Inhalt 2,5 fm.

Genau trifft diese Regel nur für 25 m Höhe und eine Formzahl von 0,5 oder richtiger für eine Formhöhe (hf) von 12,74 zu.

Für Stämme mit anderen Höhen oder abweichender Form soll das Resultat gutachtlich erhöht oder erniedrigt werden. Besser ist die von Denzin gegebene Anleitung, welche lautet:

Das Resultat der Formel ist genau gültig für eine Länge	bei Ki von 30 m	Fi 26 m	Ta 25 m	Bu u. Ei 26 m
für jeden ⎱ mehr abbiere	3%	3%	3%	5%
laufenden Meter ⎰ weniger subtrahiere	3%	4%	4%	5%

Früher war die Schätzung nach dem Augenmaß allgemein verbreitet, heute wird sie namentlich für jene Fälle angewendet, in welcher es entweder darauf ankommt, rasch einen annähernden Überblick zu bekommen, wie z. B. beim Anweisen von Fällungen, oder für Stämme, welche eine von der gewöhnlichen Form des geschlossenen Hochwaldes abweichende Bildung besitzen, was namentlich beim Oberholz des Mittelwaldes oder bei einzelständig erwachsenen Bäumen der Fall ist.

2. Schätzung nach Formzahlen und Massentafeln.

§ 19. Begriff und Arten der Formzahlen.

Unter Formzahl (Reduktionszahl) versteht man das Verhältnis zwischen dem Inhalt eines Baumes und jenem eines Zylinders, der mit dem Baume gleiche Höhe und Grundstärke hat (Idealzylinder).

$$f = \frac{v}{gh}$$

Da sich hieraus

$$v = ghf$$

berechnet, so folgt gleichzeitig, daß die Masse eines Baumes als das Produkt von Grundfläche, Höhe und Formzahl betrachtet werden kann.

Der Inhalt eines Baumes einschließlich der Äste ist nur ausnahmsweise größer als jener eines Zylinders von gleicher Grundfläche und Höhe, infolgedessen sind die (gegenwärtig gebräuchlichen) Formzahlen meist kleiner als 1. Sie werden als Dezimalbrüche, und zwar für wissenschaftliche Untersuchungen mit drei, für die Arbeiten der Praxis mit zwei Stellen berechnet. Gewöhnlich spricht man die Formzahlen der Einfachheit wegen mit 1000 oder 100 multipliziert als Ganze aus, also: 448 und 49 statt: 0,448 und 0,49.

Früher ging man (z. B. Cotta) bei Berechnung der Formzahlen auch öfters vom geradseitigen Kegel aus, und waren die hierfür ermittelten sogenannten Erfahrungszahlen (Ausbauchungsreihen) fast sämtlich größer als 1, da ja der Inhalt der Bäume im allgemeinen zwischen jenem eines Zylinders und dem eines geradseitigen Kegels von gleicher Grundfläche und Höhe liegt.

Die Formzahlen wurden zuerst im Jahre 1800 von Paulsen empfohlen, welcher für vollwüchsige Laubhölzer je nach der Kronenlänge drei Klassen mit den Formzahlen: 0,75, 0,66 und 0,50 unterschied. Eine Formel für Berechnung der Formzahlen hat erst Hoßfeld im Jahre 1812 angegeben.

Je nach dem Teil der Baummasse, welche man mit dem Idealzylinder in Vergleich setzt, lassen sich die Formzahlen einteilen in:

1. Baumformzahlen, diese beziehen sich auf die gesamte oberirdische Holzmasse.

2. Schaftformzahlen, für welche der ausgeastete, aber unentwipfelte Stamm als Dividend bei der Berechnung dient.

3. Derbholzformzahlen, diese ziehen die Masse des Baumes, soweit sie dem Derbholze angehört, in Betracht.

4. Astformzahlen werden als Differenz zwischen den Baumformzahlen und den Schaftformzahlen erhalten.

5. Reisholzformzahlen, sie stellen die Differenz zwischen Baumformzahlen und den Derbholzformzahlen dar.

Für den praktischen Gebrauch kommen hauptsächlich die Derbholz- und Baumformzahlen in Betracht. Die Schaftformzahlen besitzen nur für die Kubierung der Stangen Bedeutung.

Astformzahlen und Reisholzformzahlen gelangen dagegen in der Praxis kaum jemals zur Anwendung, statt ihrer werden die erfahrungsmäßigen Prozentsätze benutzt, welche das Verhältnis des Reis- und Astholzes zur gesamten Baummasse darstellen (Reisholz- und Astmassenprozente).

Die Reisholzprozente können entweder auf die Baummasse oder auf die Derbholzmasse bezogen werden und geben dann an, daß auf je 100 fm Baummasse oder Derbholz die entsprechende Anzahl von Festmetern Reisholz trifft.

Reisholzprozenttafel für Fichten.

Im Alter	entfallen auf je 100 fm Derbholz fm Reisholz in Ertragsklasse				
	I	II	III	IV	V
40	39	55	79	156	700
60	14	20	34	44	68
80	12	14	20	25	31
100	12	13	14	17	22

Die Stock= und Wurzelmasse wird bei den Formzahlen nie be=
rücksichtigt, sie muß entweder besonders geschätzt oder nach Er=
fahrungstzahlen festgestellt werden.

Da es ebenso unbequem wäre als auch wegen der unregelmäßigen
Form der Querfläche ungenaue Resultate ergeben würde, wenn
man den Durchmesser des Idealzylinders und die Grundstärke des
Baumes am Abhiebspunkte messen wollte, so bestimmt man diese
hierbei sowohl als überhaupt bei allen Messungen am stehenden
Stamme in einer solchen Höhe, daß der Durchmesser bequem und
richtig gemessen werden kann. Bei
zwei Arten von Formzahlen liegt nun
der Meßpunkt in konstanter Höhe über
dem Boden, bei einer dritten dagegen
stets in $^1/n$ der Scheitelhöhe (Baum=
länge, vom Abhiebspunkte an gerechnet).
Die Höhe des Idealzylinders ist teils
gleich der Scheitelhöhe, teils kleiner.

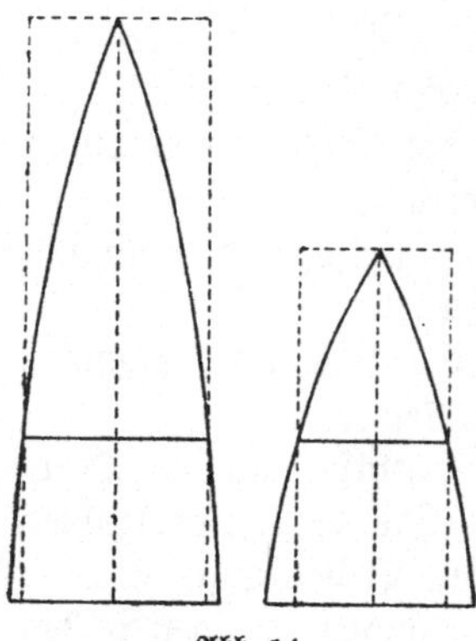

Abb. 14.

Nach den verschiedenen Abmessungen,
welche der Berechnung des Idealzylin=
ders zu Grunde gelegt werden, unter=
scheidet man:

1. Brusthöhenformzahlen, un=
echte Formzahlen f (Abbildung 14).
Hier liegt der Meßpunkt in konstanter Höhe (Brusthöhe, jetzt all=
gemein bei 1,3 m über dem Boden angenommen); die Höhe des
Idealzylinders ist gleich der Scheitelhöhe.

Die Brusthöhenformzahlen sind die ältesten und wurden schon von Hoßfeld,
Cotta, König und Hundeshagen berechnet, ebenso sind sie schon bei den
großen Untersuchungen der bayrischen und badischen Forstverwaltung benutzt
worden.

Infolge der Messung der Grundstärke in konstanter Höhe sind
diese Formzahlen bei Bäumen gleicher Form aber ungleicher Scheitel=
höhe verschieden und nehmen mit dem Wachsen der Scheitel=
höhe ab.

Nimmt man die Höhe des Meßpunktes = 1,50 m und die Scheitelhöhe nach=
einander = 10, 20 und 30 m, so sind die Formzahlen für ein Paraboloid ent=
sprechend $f_{10} = 0{,}59$, $f_{20} = 0{,}54$, $f_{30} = 0{,}53$; für einen geradseitigen Kegel
$f_{10} = 0{,}46$, $f_{20} = 0{,}39$, $f_{30} = 0{,}37$.

Um die Brusthöhenformzahlen bei der Massenberechnung be=
nutzen zu können, muß man demnach außer den übrigen hierbei in

Betracht kommenden Momenten vor allem die Höhe des Baumes berücksichtigen, da bei sonst gleichen Verhältnissen jeder Höhe eine besondere Formzahl zukommt.

Smalian hat daher andere, von der Baumhöhe unabhängige Formzahlen zu berechnen versucht; dieses sind:

2. Die echten Formzahlen, Normalformzahlen f". (Abbildung 15).

Die Benennung „echte" Formzahlen rührt von Preßler her, welcher sich für deren Aufstellung und Anwendung sehr bemüht hat.

Bei ihnen wird die Grundstärke stets in einem konstanten aliquoten Teile der Höhe (allgemein in $^1/_n$ h, in der Praxis meist in $^1/_{20}$ h) abgegriffen, die Höhe des Idealzylinders ist auch hier gleich der Scheitelhöhe.

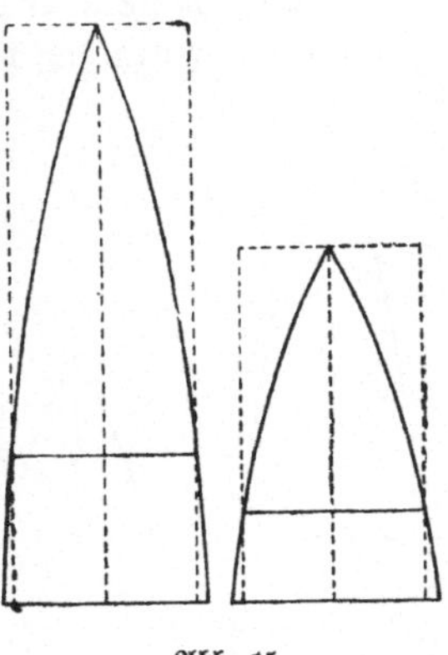

Die echten Formzahlen sollen gegenüber den Brusthöhenformzahlen den Vorzug besitzen, daß alle Bäume der gleichen Form auch die gleiche Formzahl haben, diese ist jedoch größer, als wenn die Grundstärke am Abhiebspunkte gemessen würde.

Ermittelt man z. B. die Grundstärke in $^1/_{20}$ h, so ist die echte Formzahl für Paraboloide = 0,526, für geradseitige Kegel = 0,369, während sie bei der Messung am Abhiebspunkte 0,50 und 0,33 ist.

Abb. 15.

Wenn man den Meßpunkt stets in $^1/_{20}$ h annimmt, so kommt dieser bei sehr niedrigen und sehr hohen Bäumen für die Messung unbequem zu liegen, weshalb Klauprecht schon 1846 in seiner „Holzmeßkunst" vorgeschlagen hat, für mittelhohe Bestände die Formzahlen in $^1/_{10}$, für höhere aber in $^1/_{20}$ der Scheitelhöhe zu berechnen.

Mehr noch als die unbequeme Bestimmung und Lage der Meßhöhe war einer allgemeinen Einführung der echten Formzahlen die Tatsache hinderlich, daß sie keineswegs so regelmäßig verlaufen und innerhalb so enger Grenzen liegen, wie Preßler annahm. Während dieser nämlich behauptete, daß die echten Schaft- und Baumformzahlen mit dem Alter zunähmen, und daß die verschiedenen Altersklassen unter sich nahe übereinstimmende Formzahlen besäßen, haben die Untersuchungen von Baur ergeben, daß, wenigstens bei der Fichte und Buche, nur die Derbholzformzahlen mit dem Alter wachsen, die Baumformzahlen dagegen entschieden abnehmen, sowie daß die echten Formzahlen selbst unter Voraus-

setzung gleicher Bonität und Altersklassen stark von einander abweichen.

So schwanken bei der Buche die normalen Baumformzahlen
nach Baur

für Bonität:	I	II	III
in der Altersklasse 21—40 zwischen 0,522—0,567	0,513—0,647	0,513—0,715
„ „ „ 81—100 „ 0,542—0,615	0,538—0,610	0,527—0,626

3. Eine weitere Art sind die von Rinicker[1] empfohlenen absoluten Formzahlen f'' (Abbildung 16). Diese ziehen nur den oberhalb der konstanten Meßhöhe gelegenen Stammteil in Betracht. Die Höhe des
Idealzylinders ist in diesem Falle gleich der Scheitelhöhe weniger der Länge
des Stammstückes zwischen Abhiebspunkt und Meßpunkt. Da bei den absoluten
Formzahlen die Grundfläche für den betr. Stammteil und den Idealzylinder
die nämliche ist, so sind sie für alle Bäume der gleichen Form gleichgroß
und von der Höhe des Baumes unabhängig; sie entsprechen daher auch vollkommen den betreffenden Faktoren in den stereometrischen Körperformeln und

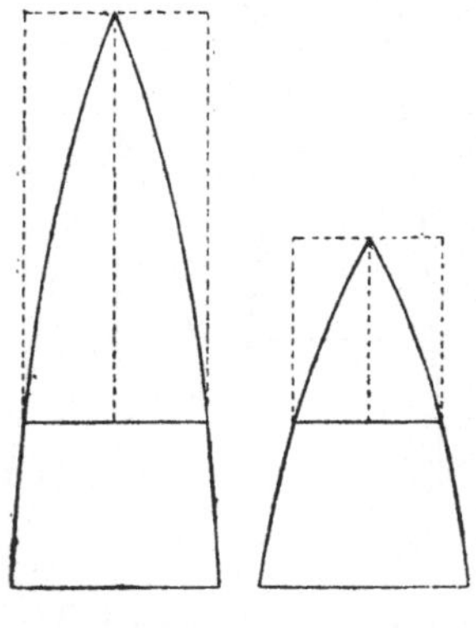
Abb. 16.

betragen für das Paraboloid 0,5, für einen gemeinen Kegel 0,333 usw.

Die eingehendsten Untersuchungen über die absoluten Formzahlen hat Kunze[2] durchgeführt. Sie haben ergeben, daß die absoluten Formzahlen sehr konstant sind.

Die Schattenseite der absoluten Formzahlen besteht darin, daß
man mit ihrer Hilfe nur den Inhalt des Stammteiles, welcher oberhalb des Meßpunktes gelegen ist, ermitteln kann, während jener des
sehr wertvollen Stückes zwischen Abhieb und Meßpunkt auf irgend
eine andere Weise gefunden werden muß. Letzteres geschieht ebenfalls nach der Methode der Formzahlen, indem man für diesen
Stammteil noch eine besondere Reduktionszahl ψ anwendet.

<hr>

[1] Rinicker, Über Baumform und Bestandesmasse, 1873.

[2] Kunze, Die absoluten Formzahlen der gemeinen Kiefer, Dresden 1896,
und Die absoluten Formzahlen der Fichte, Dresden 1899.

Bezeichnet man die Länge des Stammstückes zwischen Meßpunkt und Abhiebspunkt mit l, so ist die Masse des ganzen Stammes

$$v = ghf'' + gl\psi$$

Kunze gibt z. B. bei der Kiefer, Altersklasse 101—140 Jahre, für den Durchmesser von 44 cm und Länge von 26 m die absolute Schaftformzahl = 0,421 und die zugehörige Reduktionszahl für das unterhalb des Meßpunktes gelegene Stammstück zu 1,140 an.

Die Bedeutung der Formzahlen liegt aber weniger darin, ein Bild von der Gestalt der Bäume zu geben, welche doch in der überwiegenden Mehrzahl der Fälle keine regelmäßige stereometrische Figur ist, sondern darin, einen guten und bequemen Anhalt für die Massenberechnung zu gewähren; dieser Anforderung genügen aber die absoluten Formzahlen weniger als die beiden vorher besprochenen Arten von Formzahlen, da sie zur Massenermittelung zwei Rechnungen erfordern.

Gegenwärtig sind die echten Formzahlen vollständig außer Gebrauch gekommen, die absoluten Formzahlen dienen nur für gewisse theoretische Untersuchungen, während sonst durchweg lediglich die Brusthöhenformzahlen trotz ihrer Mängel benutzt werden.

Wenn nicht ausdrücklich etwas anderes bemerkt ist, versteht man daher jetzt unter Formzahlen stets die letzteren.

§ 20. Anwendung der Formzahlen zur Massenschätzung.

Die theoretischen Erörterungen über die verschiedenen Arten der Formzahlen haben bereits gezeigt, daß die Brusthöhenformzahlen in erster Linie von der Höhe des Baumes abhängig sind, in zweiter Linie kommt der Durchmesser in Brusthöhe in Betracht, dessen Einfluß sich aber nicht durch ein einfaches Gesetz darstellen läßt. Hinsichtlich des Alters haben die zahlreichen Ermittelungen ergeben, daß die Altersschätzung innerhalb sehr weiter Grenzen (etwa 40 Jahre) genügt, oder daß in manchen Fällen hierauf überhaupt keine Rücksicht genommen zu werden braucht.

Hieraus folgt aber auch, daß der Einfluß der Standortsgüte nur gering sein kann, sonst müßten Bäume, die bei verschiedenem Alter die gleiche Höhe und Bruststärke erreicht haben, auch wesentlich verschiedene Formzahlen und damit auch ungleiche Massen besitzen, was nicht zutrifft. Besondere Wuchsgebiete brauchen wenigstens innerhalb Deutschlands nicht ausgeschieden zu werden. Das Hauptgewicht ist früher auf die Einwirkung des Schlußgrades gelegt worden (Paulsen, ebenso König, der in seinen „Hilfstafeln für Forstmathematik" fünf Schlußgrade unterschieden hat). Nachdem nun durch Einführung geordneter Forstwirtschaft allgemein ein mittlerer Schluß der Bestände herbeigeführt worden ist, haben die Untersuchungen des Vereins forstlicher Versuchsanstalten über Formzahlen von einer Berücksichtigung des Schlußgrades überhaupt abgesehen. Dagegen hat Schiffel in seinen „Formzahlen und Massentafeln für die Fichte Österreichs" mit Rücksicht auf die abweichenden Verhältnisse der dortigen Gebirgswaldungen vier Schlußklassen ausgeschieden, die durch die mittlere relative Kronenlänge (Kronenlänge in Prozenten der Scheitelhöhe) charakterisiert sind.

Die Formzahlen schwanken selbst innerhalb eines Bestandes bei sonst gleichen Verhältnissen in weiten Grenzen. Die genaue Ermittelung der Formzahlen eines bestimmten Baumes kann daher nur auf Grund sektionsweiser Vermessung erfolgen, die beim stehenden Stamm aber aus praktischen Gründen undurchführbar ist. Man hat deshalb versucht, diese Ermittelung zu vereinfachen und gleichzeitig einen besseren Ausdruck für die Schaftform zu finden, als die Formzahl zu geben vermag. Dieses soll durch das Verhältnis zweier Durchmesser geschehen, die am stehenden Stamm zu messen sind, der eine hiervon muß aus naheliegenden Gründen der Durchmesser in Brusthöhe sein.

Solche Formeln sind von Breymann, Preßler, Strzelecki, Nossek, Prytz, Kunze und Philipp aufgestellt worden.

Die Formel von Kunze[1]) lautet z. B.:

$$f_s \cdot = \frac{\delta}{d} - c$$

worin δ der Durchmesser in $\frac{h}{2}$ und c eine Konstante ist, welche nach der Holzart wechselt und von dem Quotienten $\frac{\delta}{d}$ abhängt. Für mittlere Baumformen schwankt die Konstante wenig und beträgt z. B. für Fichten etwa 0,21, für Kiefern etwa 0,20.

Das Verhältnis des Durchmessers in der Schaftmitte δ zum Durchmesser in Brusthöhe d wird als Formquotient bezeichnet.

---

[1]) Kunze, Neue Methode zur raschen Berechnung der unechten Schaftformzahlen der Kiefer und Fichte. Dresden 1891.

Dieser Formquotient hat in neuerer Zeit immer mehr Beachtung gefunden. Kunze und Schuberg haben zuerst die Beziehungen untersucht, welche zwischen ihm und den Formzahlen bestehen, und hierbei eine überraschende, fast durchgreifende Abhängigkeit gefunden. Eine eingehende Erörterung über diese Verhältnisse hat Schiffel veröffentlicht, dessen Form- und Massen-Tafeln für die Fichte nach Höhe und Formquotient (von ihm „Durchmesserquotient" genannt) aufgestellt sind.

Ebenso habe auch ich in meinen „Formzahlen und Massentafeln für die Eiche" vom Formquotienten Gebrauch gemacht, um einen Ausdruck für die verschiedene Vollholzigkeit zu gewinnen. Der Formquotient bietet auch die Möglichkeit, den Einfluß wirtschaftlicher Maßregeln (Durchforstungen, Lichtungen usw.) festzustellen, während dieses mit Hilfe der Formzahlen nicht möglich ist. Umfangreiche Ermittlungen über den Formquotienten sind deshalb auch vom Verein forstlicher Versuchsanstalten empfohlen worden.

Trotz des unzweifelhaften wissenschaftlichen Interesses, das der Formquotient bietet, hat er jedoch für die Praxis der Stammschätzung keine Bedeutung zu gewinnen vermocht, da die Messung von δ in der halben Scheitelhöhe beim stehenden Stamm mit den bereits wiederholt erwähnten Schwierigkeiten zu kämpfen hat und die Ableitung der Formzahl aus dem Formquotienten lediglich mit Hilfe von Konstanten, also nur näherungsweise möglich ist.

§ 21 Formzahlübersichten und Massentafeln.

Da wir bis jetzt kein Mittel besitzen, um die Formzahl bestimmter stehender Stämme mit Sicherheit zu bestimmen, so bleibt für die Massenermittlung mit Hilfe der Formzahlen nur die Möglichkeit der Anwendung von statistischen Mittelwerten übrig. Solche sind in den Formzahl-Übersichten (Formzahltafeln) enthalten, in welchen die durch Untersuchungen an gefällten Stämmen gewonnenen Formzahlen verzeichnet und nach Brusthöhendurchmesser, Scheitelhöhe und meist noch nach Altersklassen geordnet sind.

Die älteren Tafeln von Cotta, König, Preßler u. a. haben auch die Wachstumsverhältnisse, Form der Krone und Schlußgrad zu berücksichtigen versucht. Das Grundlagenmaterial, das diesen Autoren zur Verfügung stand, war jedoch viel zu ungenügend, um zuverlässige Mittelwerte zu erhalten. Diese Arbeiten sind daher von den forstlichen Versuchsanstalten alsbald nach ihrer Gründung in umfassender Weise neu in Angriff genommen worden Das hierbei nach einheitlichem Plane gesammelte umfangreiche Material ist dann von hiermit beauftragten Verfassern gemeinsam bearbeitet[1]) und auch zur Ableitung der weiter unten zu besprechenden Massentafeln benutzt worden.

Um die Masse eines stehenden Baumes nach der Formel ghf zu berechnen, ist dessen Durchmesser in Brusthöhe und ebenso seine Scheitelhöhe zu messen und dann die Formzahl aus den Formzahl=tafeln zu entnehmen. Für das Alter, soweit dieses überhaupt in Betracht kommt, genügt eine annähernde Schätzung.

Als Durchschnittswert für Baumhöhen von 20—30 m sind anzunehmen für:

	Buche	Eiche	Erle	Kiefer	Fichte	Tanne
Derbholzformzahl	0,49	0,51	0,49	0,45	0,50	0,51
Baumformzahl	0,57	0,55	0,53	0,50	0,57	0,58

Da die jedesmalige Ausrechnung des Produktes ghf unbequem ist, so hat man diese Rechnungen sofort im Anschluß an die Bearbei=tung der Formzahltafeln systematisch durchgeführt und dadurch weitere Tabellen, die Massentafeln, erhalten, die es gestatten, aus ihnen sofort die Baummassen zu entnehmen.

Massentafeln sind demnach tabellarische Übersichten über den Holzgehalt einzelner Stämme geordnet nach Holzart, Durchmesser, Höhe und meist auch nach Alters=klassen.

Nach den verschiedenen Arten von Formzahlen gibt es: Derb=holz=, Baum= und Schaftholz=Massentafeln. Letztere besitzen nur Bedeutung zur Ermittelung des Inhaltes von Nadelholz=Stangen, abgesehen hiervon arbeitet man lediglich mit Derbholz= oder Baum=Massentafeln.

Die ersten Massentafeln, welche auf reichem Untersuchungsmaterial beruhen, sind von der bayerischen Staatsforstverwaltung unter Leitung des Forst=kommissars von Spitzel im Jahre 1846 herausgegeben worden.

Sie sind nach der genauen Messung von mehr als 40000 Stämmen auf=gestellt und geben für die Holzarten: Fichte, Tanne, Lärche, Eiche, Buche und Birke der Stamminhalte nach zwei Altersstufen (bis 90= und über 90jährig), bei einer Meßhöhe von $4\frac{1}{2}{}'$, = 1,3 m und zwar für die Nadelhölzer ausschließl. der Kiefer ohne Äste, für die Laubhölzer und Kiefer einschließlich des Astholzes bis zu ein Zoll Stärke.

---

[1]) Die hierbei berechneten Formzahlübersichten finden sich in den weiter unten angegebenen Veröffentlichungen des Vereins deutscher forstlicher Versuchs=anstalten.

Die bayerischen Massentafeln sind mehrfach in anderes Maß umgerechnet worden, speziell für das Metermaß von Behm und Ganghofer 1875, Schindler 1876 und Frankhauser 1884.

Auf Grund des vom Verein deutscher forstlicher Versuchsanstalten gemeinsam gesammelten Materials sind bearbeitet: Formzahlen und Massentafeln für die Buche von Horn und Grundner, 1898, Eiche von Schwappach, 1905, Fichte von Baur, 1890, Kiefer von Schwappach, 1890, Weißtanne von Schuberg, 1891. Sämtlich sind erschienen im Verlag von P. Parey, Berlin.

Die von den deutschen und der österreichischen forstlichen Versuchsanstalt bearbeiteten Massentafeln der wichtigeren Holzarten sind von Grundner und mir[1]) zu einem Werk zusammengefaßt und gemeinsam herausgegeben worden.

Infolge ihrer Eigenschaft als statistische Durchschnittswerte können weder die Formzahlübersichten noch die Massentafeln den Inhalt eines einzelnen stehenden Baumes mit Sicherheit angeben, immerhin bieten sie aber doch das beste und z. B das einzige zuverlässige Mittel für die Massenschätzung von derartigen Stämmen. Ihre eigentliche Bedeutung erlangt sie wie alle statistischen Werte bei der Anwendung auf eine Mehrzahl von Fällen, also bei der Massenermittelung von Beständen.

3. Sektionsweise Kubierung stehender Stämme.

§ 22. Würdigung der Methoden.

Die sektionsweise Kubierung, welche für den liegenden Stamm jeden gewünschten Grad von Genauigkeit zu erreichen gestattet, konnte bisher für die Massenermittelung stehender Stämme noch wenig benutzt werden, weil die gebräuchlichen Instrumente zur Messung des Durchmessers auf indirektem Wege nicht genügend scharfe Resultate geben und solche bei den hier obwaltenden Verhältnissen (große Entfernung, mangelhafte Beleuchtung usw.) sich auch nur schwer erreichen lassen werden.

Unrichtige Bestimmungen des Durchmessers haben aber, wie oben bewiesen worden ist, so großen Einfluß auf die Genauigkeit des Resultates, daß dieses trotz der Schärfe der Methode nicht günstiger sein würde als jenes, welches bei Benutzung der übrigen bisher besprochenen Verfahren erreicht werden kann.

Immerhin tritt aber das Bedürfnis nach einer Methode zur genauen Messung stehender Stämme für die Zwecke wissenschaftlicher

---

[1]) Grundner und Schwappach, Massentafeln zur Bestimmung des Holzgehaltes stehender Waldbäume und Waldbestände, 6. Aufl., 1922, Verlag von P. Parey, Berlin.

Untersuchungen immer brennender hervor, weshalb in neuerer Zeit verschiedene Verfahren zu diesem Behufe empfohlen und angewendet werden.

Als solche sind zu nennen:

a) direkte Messung unter Anwendung leichter, besonders konstruierter Leitern (Schweizerische, Sächsische und Schwedische Versuchsanstalt). Nur etwa bis zu 20 m Höhe von sehr geübten Arbeitern durchführbar.

b) indirekte Messung der Durchmesser unter Anwendung sehr feiner Instrumente. Von den in Betracht kommenden Apparaten besitzt nur der Baumstärkenmesser von Friedrich den genügenden Grad von Genauigkeit.

c) Messung auf Grund photographischer Aufnahmen nach dem Verfahren von J. Weber[1]).

Weber photographiert die Stämme mit Hilfe eines sehr guten, besonders konstruierten Apparates, berechnet den unteren Stammteil bis zu 14 m Höhe sektionsweise, den darüber befindlichen Teil des Schaftes aber als Kegel, und zwar für Buche und Eiche nach der Formel: $\dfrac{gh}{3}$ für Fichte und Kiefer nach jener: $\dfrac{gh}{2,5}$.

IV. Ermittelung des Massengehaltes von Beständen.

1. Massenermittelung durch Schätzung.

§ 23. Summarische Schätzung der ganzen Bestandesmasse.

Die älteste und roheste Methode der Bestandesmassenermittelung, wie sie noch um die Mitte des 18. Jahrhunderts allgemein üblich war, bestand darin, daß man den betreffenden Bestand durchging und rein gutachtlich den Holzvorrat auf der ganzen Fläche ansprach. Wegen der vielen dabei gleichzeitig zu berücksichtigenden Faktoren (Bestandesdichte, durchschnittliche Masse der einzelnen Stämme, Flächengröße), ist sie sehr unsicher und wird gegenwärtig von einem technisch gebildeten Forstmann in dieser Form überhaupt nicht mehr angewendet, sondern höchstens noch von Holzhauern und Holzhändlern. Der Forstmann bezieht eine derartige Massenschätzung stets auf die Flächeneinheit, auf das Hektar, indem er aus den be-

---

[1]) Weber, Holzmassenermittelung am stehenden Stamm auf Grund photographischer Aufnahmen. Gießen 1902.

kannten Erfahrungssätzen über den Vorrat nach Holzart, Alter und Standortgüte unter Berücksichtigung der größeren oder geringeren Vollkommenheit des Bestandes auf dessen Masse schließt.

Bei großer Übung läßt sich auf diese Weise ein ziemlich gutes Resultat erreichen, obwohl selbst Fehler von $\pm 20\%$ keineswegs ausgeschlossen sind.

§ 24. Stammweise Schätzung.

Bei dieser zuerst von Zanthier um das Jahr 1760 angewandten Methode wird jeder Stamm gutachtlich auf seinen Festgehalt an= gesprochen. Diese Methode war früher ziemlich verbreitet, nament= lich in jenen Gebieten, in denen Rechtholzbezüge vom Waldbesitzer im Stehen abgegeben werden mußten, ebenso auch beim Verkauf auf dem Stock. Da diese Schätzungen von mit den örtlichen Verhält= nissen genau vertrauten Personen auf Grund langjähriger Erfahrung erfolgten, so waren die Ergebnisse meist recht gut (nach Versuchen von Jhrig hat die größte Abweichung $+ 11{,}5$, die kleinste $- 3{,}1$ betragen). In Deutschland wird diese Methode jetzt nur noch dann angewendet, wenn nur ein geringerer Grad von Genauigkeit er= forderlich ist, so namentlich bei Hiebsanweisungen in lichten Be= ständen und im Blenderwald, ferner bei einzelständigen starken Stämmen (Überhälter, Oberholz des Mittelwaldes usw.), deren Inhalt von den Durchschnittszahlen der Massentafeln erheblich abweichen. Außerhalb Deutschlands sind die Methoden der Massenermittelung durch Schätzung überall da noch verbreitet, wo der Verkauf des Holzes im stehenden Zustande üblich ist. Die stammweise Schätzung findet sich namentlich auch noch in den wertvollen Eichenwaldungen von Jugoslavien (der alten Militärgrenze).

§ 25. Massenschätzung nach Hiebsergebnissen.

In Waldungen, in welchen schon seit längerer Zeit das Ergebnis der Holzernte genau verbucht wird, bieten die Fällungsergebnisse, auf die Flächeneinheit reduziert, gute Anhaltspunkte für die Schätzung des Ertrages anderer Flächen, wenn man das gegenseitige Alter und das Verhältnis der übrigen die Bestandesmasse bildenden Fak= toren berücksichtigt. Diese Methode wird bei Betriebsregulierungen häufig (namentlich in Sachsen) und mit gutem Erfolg angewendet, besonders in ausgedehnten, ziemlich gleichmäßig bestockten Nadel= holzbeständen.

Auch die Ergebnisse der Aufhiebe von Wegen und Schneisen, welche bei den Taxationen mehrfach vorkommen, bieten guten Anhalt für die Massenschätzung.

§ 26. Massenschätzung im Anhalt an einzelne Probeaufnahmen.

Wenn ausgedehnte Massenaufnahmen stattfinden sollen, wie dieses namentlich gelegentlich bei Forsteinrichtungsarbeiten der Fall ist, ohne daß spezielle Massenermittelung für sämtliche in Betracht kommenden Bestände durchführbar sind, sowie ohne genügende Grundlagen durch die seitherige Buchführung, so empfiehlt es sich nach einer der später zu besprechenden genauen Methoden der Bestandesaufnahme in angemessenen Teilen (Probeflächen) einzelner charakteristischer Bestände für die verschiedenen Standorts- und Bestandeskategorien Erhebungen über den Vorrat je ha anzustellen. (Wegen der Auswahl von Probeflächen folgt näheres unten im § 42.) Wenn man die Durchschnitte aus diesen Aufnahmen für die gleichartigen Verhältnisse bildet und die Resultate einer größeren Zahl derartiger Aufnahmen tabellarisch, etwa nach Art der Ertragstafeln (vergl. § 67) zusammenstellt, so erhält man einen guten Einblick in den Vorrat bei den betreffenden Standorts- und Bestandesverhältnissen oder mit anderen Worten, je nach der Ausdehnung, welche man diesen Erhebungen gegeben hat, eine mehr oder minder vollständige Lokalertragstafel.

Die so gewonnenen Materialien lassen sich sehr gut für die Einschätzung der übrigen Bestände unter der bereits oben erwähnten Voraussetzung verwenden, daß das Verhältnis des Alters und der übrigen massenbildenden Faktoren zwischen den Musterflächen und den konkreten Beständen entsprechend berücksichtigt wird.

Es ist zweckmäßig, wenn die Probeflächen wenigstens für die Dauer der Arbeit bleibend bezeichnet und so gelegt werden, daß man sie möglichst oft vor Augen bekommen kann, also in die Nähe der Wohnungen oder häufig zu begehender Wege, um sich so den Bestandescharakter wiederholt einprägen zu können.

§ 27. Massenschätzung nach Ertragstafeln.

Aus den später noch eingehend zu besprechenden Ertragstafeln läßt sich der Vorrat normal bestockter Flächen für verschiedene Alter und Holzarten je ha entnehmen, sie können deshalb auch als ein Hilfsmittel für die Bestandesmassenermittelung dienen.

Bei Anwendung dieses Verfahrens müssen a) die Standortsgüte, b) das Verhältnis seiner Bestockung zur normalen (Bestandesgüte) und c) das gegenwärtige Alter ermittelt werden.

Ersteres geschieht am einfachsten, wie später gezeigt werden wird,
durch Messung der Mittelhöhe, das zweite durch gutachtliches Ansprechen des Schlußgrades oder, wenn ein höherer Grad von Genauigkeit gewünscht wird, durch probeweise Ermittelung des Ver-
hältnisses der gekluppten Stammgrundfläche zur normalen der Ertragstafel (vergl. unten § 69). Die Altersbestimmung erfolgt durch
Zählung der Jahrringe auf frischen Stöcken.

Die Angaben der Ertragstafeln werden nach Maßgabe des durch
Schätzung oder Messung ermittelten Schlußgrades reduziert.

§ 28. Schätzungsverfahren von Gerding-Borggreve[1]).

In älteren Kiefern- und Buchenbeständen von mittlerem Schluß
beträgt die Stammgrundfläche je ha 30—35 qm, bei Fichte und
Tanne 35—45 qm. Die durchschnittliche Bestandes-Derbholzform-
zahl beträgt 0,47—0,50, so daß das Produkt GF_d (Faktor zur Höhe
nach Weise) zwischen 15 und 20 schwankt. Da die Bestandes-Derb-
holzmasse $M = HGF_d$ ist, gibt Borggreve folgende Regel:

Um den Derbholzgehalt je ha zu finden, multipliziere
man die Mittelhöhe

bei Buche und Kiefer mit 14—18, im Mittel mit 16,

„ Fichte „ Tanne „ 16—22, „ „ „ 18.

2. Bestandesaufnahme durch Messung.

§ 29. Ermittelung der Stammzahl und Stammgrund-fläche.

Sämtliche Methoden der Bestandesmassenermittelung durch
Messung setzen die Kenntnis der Stammgrundfläche voraus,
welche sich auch mit dem relativ größten Genauigkeitsgrade bestimmen läßt. Ihre Ermittelung bildet daher stets den ersten und
wichtigsten Arbeitsteil der Massenaufnahme.

Die Stammgrundfläche eines Bestandes ergibt sich als die Summe
der Stammgrundflächen aller Einzelstämme, sie wird durch das
Auskluppen gefunden.

Bei diesem Geschäfte werden die Grundstärken aller Stämme

---

[1]) Forstl. Bl. 1891, S. 90 u. 132.

in einer beftimmten Höhe, Brufthöhe (gewöhnlich 1,3 m), über dem Boden mittels der Kluppe gemeffen.

Die Stammgrundfläche wird, wie bereits oben (S. 42) ange= geben wurde, deshalb in Brufthöhe und nicht am Boden gemeffen, weil letzteres kaum durchführbar wäre und weil die Querfläche der Stämme an diefer Stelle wegen des Wurzelanlaufes am unregel= mäßigften ift.

Außer den Stammzahlen der einzelnen Stärkeftufen foll bei der Kluppierung auch die Verteilung der Stämme nach Holzarten gefunden werden.

Unter Umftänden kann es auch zweckmäßig fein, gelegentlich der Kluppierung die Stämme noch nach anderen Geſichtspunkten zu ordnen, z. B. nach Güteklaſſen für die Zwecke der Wertsermitte= lung, was namentlich in Eichenbeftänden zu empfehlen ift.

Die Kluppierung wird in der Weife vorgenommen, daß ein oder mehrere Gehilfen (Kluppenführer) die Durchmeffer abgreifen und deren Größe, fowie, wenn mehrere Holzarten vorkommen, auch diefe laut ausrufen, während der Taxator (Protokollführer, Manual= führer) die Reſultate der Meffung in ein entfprechend vorgerichtetes Manual einträgt. Ein Manualführer kann gewöhnlich zwei, in dicht beftockten jungen Beftänden aber nur einen einzigen Kluppen= führer beschäftigen.

Um Doppelmeffungen oder ein Überfehen von Stämmen zu vermeiden, werden diefe nach der Meffung vom Kluppenführer mittels des Reishakens oder der Kreide durch einen Strich, und zwar in der Richtung gegen den noch nicht aufgenommenen Beftand hin, bezeichnet.

Beim Kluppen wird der Beftand ftreifenweife und an Berg= hängen in der Richtung der Horizontalen durchgangen, indem die Kluppenführer in nicht zu großer Entfernung von einander poftiert werden und jeder in feinem fchmalen Streifen die Meffung vollzieht, während der Taxator ihnen mit geringem Abftand nachfolgt, die ausgerufenen Abmeffungen notiert und zugleich die Kluppenführer bezüglich des richtigen Anlegens der Kluppe, fowie etwaiger grober Fehler bei der Durchmefferangabe nach dem Augenmaße kontrolliert. Immerhin ift letzteres aber nur in befchränktem Maße möglich, wenn mehrere Kluppenführer vorhanden find, weil der Manual= führer dadurch von feiner monotonen Arbeit abgelenkt wird und leicht das Eintragen von Durchmeffern vergißt.

Größere Bestände werden, um die Übersicht zu erleichtern, unter Benutzung vorhandener Wege, Gräben usw. in kleinere Teile zerlegt, deren jeder für sich aufgenommen wird. In stark geneigtem Terrain werden die Streifen in horizontaler Richtung von unten beginnend aneinander gereiht.

Die Messung selbst wird in folgender Weise vorgenommen:

1. Vor dem Gebrauche, sowie auch während der Arbeit ist zu kontrollieren, ob der bewegliche Schenkel der Kluppe nicht schlottert.

2. Die Kluppe muß genau rechtwinkelig zur Stammachse angelegt werden.

3. Bei stark bemoosten Stämmen muß das Moos vor der Messung entfernt werden. Ist an den Meßstellen eine auffallende Verdickung oder sonstige Unregelmäßigkeit, so wird nicht an dieser, sondern etwas höher oder tiefer gemessen.

4. Die Ablesung muß erfolgen, während die Kluppenschenkel noch fest am Stamm anliegen, und hat der Gehilfe zu diesem Zweck dicht an den Maßstab heranzutreten.

5. Bei Messungen an Berghängen erfolgt das Anlegen der Kluppe von der Bergseite her.

6. Die angenommene Meßhöhe ist genau festzuhalten; es empfiehlt sich, diese an der Kleidung des Kluppenführers durch einen Kreidestrich, Knopf usw. zu markieren. Aus dem gleichen Grunde soll man vermeiden, ungewöhnlich große oder kleine Leute zum Kluppieren zu verwenden.

Die Einhaltung der Meßhöhe ist genau zu kontrollieren, weil nach den Untersuchungen von Grundner schon eine Abweichung von 10 cm nach oben oder unten einen Flächenfehler von 1,5 % verursacht. Auf ständigen Versuchsflächen muß daher die Stelle, an welcher der Maßstab der Kluppe angelegt werden soll, durch ein Ölfarbenkreuz dauernd bezeichnet sein.

7. Bei den gewöhnlichen Kluppierungen für taxatorische Arbeiten wird in der Regel an jedem Stamme nur ein einziger Durchmesser abgegriffen, nur bei besonders stark exzentrisch gewachsenen Stämmen werden deren zwei, übers Kreuz, gemessen und das Mittel von beiden eingetragen.

Für wissenschaftliche Arbeiten werden stets zwei Durchmesser ermittelt.

8. Da oft mehrere Kluppenführer ihre Messungen gleichzeitig ausrufen, so empfiehlt es sich, daß der Manualführer, um Mißverständnisse zu vermeiden, diese zum Zeichen des geschehenen Eintragens wiederholt.

Diese Wiederholung ist namentlich beim Beginn der Arbeit und ungeübten Kluppenführer zweckmäßig.

Für die Trennung der verschiedenen Holzarten eines Bestandes ist zu bemerken, daß man hierbei nicht allzu ängstlich zu sein braucht, weil sonst die entstehende Arbeitsvermehrung in keinem Verhältnis zum erzielten Genauigkeitsgrade steht.

Bei den gemischten Beständen nötigt die verschiedene Formzahl der einzelnen Holzarten bei gleicher Höhe und gleichem Durchmesser zur Trennung und gesonderten Massenberechnung, jedoch erst dann, wenn die Beimischung so stark wird, daß ein erheblicher Einfluß auf das Resultat zu erwarten steht. Solange die Mischung nicht etwa 10% beträgt, wird man ohne Anstand die in der Minderzahl vorkommende Holzart der Hauptholzart zurechnen dürfen. Außerdem ist auch noch zu berücksichtigen, ob die Formzahlen der in Mischung vorkommenden Holzart sehr verschieden sind. Man wird also, wenn z. B. Buchen und Kiefern mit einander gemischt sind, schon bei einem geringeren Prozentsatz der einen oder anderen Holzart zu einer Trennung für die Zwecke der Massenberechnung greifen müssen, als wenn Fichten und Tannen zusammen vorkommen.

Außer der Verschiedenheit der Formzahlen können auch erhebliche Unterschiede in der Höhe bei gleichen Durchmessern zu einer getrennten Berechnung der Holzmassen, namentlich bei ungleichalterig gemischten Beständen, veranlassen.

Die Einrichtung des Manuals, zu welchem man am besten quadriertes Papier benutzt, und die verschiedene Art der Notierung der Stammzahlen hierin zeigt folgendes Formular:

Durchmesser bei 1,3 m über dem Boden	Holzart (Güteklasse)						Stammzahl	
cm	Fichte (I)				Kiefer (II)		Fichte (Höhenklasse I)	Kiefer (Höhenklasse II)
30	⊞⊞	⊞⊞	⊞⊞	¦¦¦	⊞⊞	¦¦¦	18	8
32	⊠	⊠	⊠	⌐	⊠	☐	36	18
34	⁚⁚⁚	⁚⁚⁚	⋯		⁚⁚⁚	⁚⁚⁚	23	22

Die beiden ersten Formen der Vormerkung der Stammzahlen sind am gebräuchlichsten, die dritte (mit Punkten) ist zu unübersichtlich, verwischt sich bei feuchtem Wetter leicht und wird daher nur selten angewandt.

In der angegebenen Weise können von einem Protokollführer und zwei Kluppenführern nach den Untersuchungen von Heß pro Stunde im Mittel 680 Stämme (Maximum 971, Minimum 422), nach Baur 765 Stämme, durchschnittlich an einem Arbeitstag ungefähr 5000 Stämme, also etwa 10—12 ha Altholz gemessen werden.

Eine Arbeitsersparnis läßt sich hierbei durch die oben (S. 8) erwähnten selbstregistrierenden Kluppen erzielen. Die Arbeitsleistung ist für den Kluppenführer in beiden Fällen etwa gleich groß, aber es ist nicht notwendig, daß der Taxator ständig anwesend ist, da das Ablesen rascher und bei gelegener Zeit im Bureau erfolgen kann. Wo also Mangel an brauchbarem Personal besteht oder die Arbeitslöhne sehr hoch sind, können diese Kluppen ganz schätzenswerte Dienste leisten. Voraussetzung hierfür ist allerdings eine leistungsfähige Konstruktion.

§ 30. Bildung von Stärkestufen und Abrundung der Durchmesser.

Es ist bereits früher gezeigt worden (S. 22), welche Beziehung zwischen dem Genauigkeitsgrade, mit welchem der Durchmesser abgegriffen wird, und jenem der Kreisflächen- und Massenermittelung beim Einzelstamme besteht. Dort ist namentlich darauf hingewiesen worden, daß die Abstufungen bei der Messung des Durchmessers, wenn eine bestimmte Fehlergrenze nicht überschritten werden soll, umso kleiner gemacht werden müssen, je geringer dieser selbst ist.

Die gleichen Bedingungen bestehen auch bei der Ermittelung der Durchmesser von ganzen Beständen, nur kommt hier noch der Umstand in Betracht, daß es sich um die Aufnahme einer größeren Anzahl von Stämmen handelt, und hierdurch die Fehler, welche infolge einer weitergehenden Abrundung entstehen, teilweise ausgeglichen werden.

Während für die Messung der Einzelstämme die Durchmesser in der Praxis gewöhnlich auf ganze Zentimeter abgerundet und nur für wissenschaftliche Untersuchungen auf Millimeter genau abgegriffen werden, ist bei Bestandesaufnahmen eine erheblich weitergehende Abrundung zulässig. Für taxatorische Arbeiten können in haubaren und angehend haubaren Beständen Abstufungen von 5

zu 5 cm gemacht werden, ohne einen Fehler von mehr als 1% gegen=
über der zentimeterweisen Kluppierung zu begehen.

Nur in sehr jungen Beständen, bis etwa zu 30 Jahren, ist eine
Abstufung von 2 zu 2 cm nötig, in älteren Stangenhölzern erscheint
bereits eine solche von 4 zu 4 cm zulässig.

Wenn Formzahl= und Massentafeln zur Massenermittelung be=
nutzt werden sollen, kommt für die Abrundung auch die in den be=
treffenden Tafeln vorgenommene Durchmesserabstufung in Betracht.

Die Kluppierung nach Stärkestufen von 4 zu 4 oder 5 zu 5 cm
ist sehr zu empfehlen, weil sie auch bei der Massenberechnung eine
sehr wesentliche Vereinfachung der Arbeit ermöglicht, ohne die Ge=
nauigkeit zu beeinträchtigen.

Bei der Bestandeskluppierung bedient man sich mit Vorteil der
auf S. 6 beschriebenen selbstabrundenden Kluppe, welche leicht
den gewählten Abstufungen entsprechend eingeteilt werden kann.

Über die Fehlerprozente, welche durch die Abrundung der Durchmesser ver=
anlaßt werden, liegen Untersuchungen von Weise, Grundner, Kunze und
Flury vor.

Weise hat gefunden, daß die Abweichung gegenüber der zentimeterweisen
Kluppierung bei Durchmesserstufen von 5 zu 5 cm für 73696 Fichten 1% (bei
Beständen unter 40 Jahren 2,8%), für 67031 Kiefern 0,5% (bei Beständen
unter 20 Jahren 11,1%, bei solchen von 20—40 Jahren 1,7%) beträgt.

Nach den Untersuchungen von Grundner dürfen, um keinen Fehler zu be=
gehen, welcher größer ist als 1% der auf Millimeter genauen Kluppierung, die
Abstufungen bei Beständen nicht größer sein als:

$\frac{1}{2}$ cm bei einem Mitteldurchmesser des Bestandes von 10—15 cm
4 cm „   „   „   „   „   „ 20—30 cm,
5 cm „   „   „   „   „   „ 40 cm an.

Bei Abrundung auf ganze Zentimeter sind 0,5 cm oder allgemein:
die halbe Größe der Abrundung und darüber voll zu rechnen, Bruch=
teile unter 0,5 bleiben dagegen unberücksichtigt.

Wegen der bereits früher besprochenen Abweichung der Schaft=
querflächen von der Kreisform entstehen beim Abgreifen eines ein=
zigen Durchmessers in konstanter Richtung Fehler, welche sich bei
einer Mehrzahl von Stämmen zwar teilweise, aber doch nicht voll=
ständig ausgleichen, da die größten und kleinsten Durchmesser bei
den meisten Bäumen innerhalb desselben Bestandes nach der gleichen
Himmelsgegend liegen.

Nach Grundner erhält man bei zwei rechtwinkelig zu einander nach der
gewöhnlichen Methode ausgeführten Messungen für den gleichen Bestand Diffe=
renzen, welche im Mittel bei der Buche: 5,6%, Eiche 6,8%, Kiefer 8,4%, im
Höchstfalle 14% betragen.

So erwünscht es wäre, diese nicht unbeträchtlichen Fehler zu vermeiden, so gibt es hierfür keine in der Praxis anwendbare Methode. Man muß aber berücksichtigen, daß die von Grundner angenommenen Extreme in der Wirklichkeit nur ausnahmsweise vorkommen, außerdem schafft auch die meist angewandte Zerlegung der Abteilungen in Abschnitte, die doch unwillkürlich in wechselnder Richtung gemessen werden, genügende Abhilfe.

Bei forststatischen Untersuchungen werden stets zwei Durchmesser für jeden Stamm abgegriffen, und zwar am besten je in der Richtung des größten und kleinsten Durchmessers. Man kann entweder aus den beiden Durchmessern sofort das arithmetische Mittel berechnen und dieses notieren, oder man trägt jeden abgegriffenen Durchmesser ein und legt dann die halbe Summe der sämtlichen Durchmessern zugehörigen Kreisflächen der Rechnung zu Grunde.

Vom mathematischen Standpunkt aus ist zwar das erstere Verfahren das genauere (vergl. S. 21), indem das letztere stets etwas zu große Resultate liefert. Allein die betreffende Differenz ist so gering (nach Grundner 0,1%), daß es sich empfiehlt, das zweite Verfahren zu wählen, welches ungleich praktischer ist, weil der Manualführer nicht gezwungen wird, stets sofort das Mittel der Durchmesser zu berechnen, wodurch leicht Irrtümer entstehen, außerdem geht die Arbeit aber auch erheblich rascher, weil beim Wegfall dieser Rechnungen statt eines einzigen Kluppenführers von einem Manualführer deren zwei und unter Umständen sogar drei beschäftigt werden können.

Die Berechnung der Bestandeskreisflächensumme aus den bekannten Durchmessern und Stammzahlen erfolgt unter Benutzung der früher (S. 24) bereits besprochenen Kreisflächenmultiplikationstafeln in äußerst einfacher Weise. Bezüglich der Anzahl von Dezimalstellen von Quadratmetern, mit welchen man zu rechnen hat, wenn die Stärkestufen nicht enger gemacht worden sind als halbe Zentimeter, hat Grundner ebenfalls Untersuchungen angestellt. Diese haben ergeben, daß die Rechnung mit mehr als drei Dezimalstellen selbst für wissenschaftliche Zwecke eine mit dem Genauigkeitsgrad der Rechnungsgrundlagen nicht im Einklang stehende Erschwerung ist, sondern daß für die meisten praktischen Zwecke die Benutzung zweistelliger Kreisflächenmultiplikationstafeln genügt.

§ 31. Einleitung zu den verschiedenen Methoden der Bestandesmassenermittelung.

Wenn die Bestände aus N ihrer Stammgrundfläche g, Scheitelhöhe h und Formzahl f nach vollkommen gleichen Bäumen zusam-
mengesetzt wären, so würde sich deren Massengehalt vollständig
genau ergeben, wenn man den Inhalt eines Stammes ermitteln
und diesen mit der gesamten Stammzahl multiplizieren würde.
Derartige Bestände finden sich zwar in der Natur nicht, aber die
Stämme eines regelmäßigen Hochwaldbestandes sind doch auch nicht
so von einander verschieden, daß die genaue stereometrische Aus-
messung jedes einzelnen Stammes notwendig wäre. Letzteres würde
nur dann der Fall sein, wenn die Formzahl für jeden Stamm verschieden und nicht wenigstens annähernd eine stetige Funktion der
Grundstärke oder der Höhe oder beider zugleich wäre. Bei sehr unregelmäßig erwachsenen Blenderwaldbeständen liegen die Verhältnisse allerdings nicht so günstig, aber auch hier kann die spezielle
Massenermittelung auf wenige Stämme beschränkt werden.

In der überwiegenden Mehrzahl der Fälle darf angenommen
werden, daß in demselben Bestand Stämme von gleicher Grundstärke voraussichtlich auch in ihrer Höhe und Formzahl und damit
auch in ihrer Masse nicht erheblich verschieden sein werden. Man
braucht deshalb in solchen Beständen nur Gruppen (Klassen) von
gleicher oder annähernd gleicher Grundstärke zu bilden, um
hierdurch auch Stämme von gleicher Höhe und Formzahl zu
treffen. Für jede solche Gruppe können Repräsentanten (Probe-
oder Modellstämme) gewählt und kubiert werden, und ist es alsdann zulässig, aus ihrem Inhalte einen Schluß auf die Masse der
ganzen Klasse zu ziehen. Über die Abgrenzung dieser Gruppen wird
weiter unten Näheres folgen.

A. Massenermittelung der Bestände im Ganzen.

§ 32. Massenermittelung nach dem mittleren Modellstamm.

Dieses zuerst von Huber im Jahre 1824 angegebene Verfahren
geht von der Annahme aus, daß Höhe und Formzahl als Funktionen
der Grundstärke betrachtet werden dürfen, daß demnach ein Stamm
die mittlere Grundstärke auch die mittlere Höhe und Formzahl
und damit auch die durchschnittliche Masse aller Stämme enthalte.
Durch Multiplikation der Stammzahl N mit dieser Masse v ergibt
sich sodann die Bestandesmasse V.

Die Grundfläche des Mittelstammes eines Bestandes wird durch Division der Kreisflächensumme G mit der Stammzahl gefunden und hieraus dann der hierzu gehörige Durchmesser berechnet oder der Regel nach in den Kreisflächentafeln aufgeschlagen. Die Kreisflächensumme des Bestandes ist die Summe der Kreisflächen der einzelnen Stärkestufen.

$$g = \frac{g_1 N_1 + g_2 N_2 + g_3 N_3 + \ldots}{N_1 + N_2 + N_3 + \ldots} = \frac{G}{N}$$

Annähernd läßt sich der Durchmesser des Mittelstammes nach der von Weise angegebenen Regel finden, daß in normalen Beständen 60% aller Stämme schwächer und 40% dagegen stärker sind. Man braucht also nur vom stärksten Durchmesser anfangend 40% abzuzählen, um die Stärke des Mittelstammes zu finden oder schätzen zu können.

Man sucht alsdann im Bestande einen Stamm mit dem zur mittleren Kreisfläche g gehörigen Durchmesser d, welcher auch den übrigen später noch näher zu erörternden Ansprüchen an einen Modellstamm entspricht, und läßt diesen in mehreren (3—4) Exemplaren fällen, um von den individuellen Unregelmäßigkeiten unabhängige Mittelwerte zu erhalten. Der durchschnittliche Festgehalt dieser Stämme stellt die richtige Masse des mittleren Modellstammes dar, welcher in der oben angegebenen Weise durch Multiplikation mit der Stammzahl die Bestandesmasse ergibt.

Da $\qquad g = \dfrac{G}{N}$, so ist $N = \dfrac{G}{g}$,

setzt man diesen Ausdruck in die gewöhnliche Formel

$$V = v \cdot N$$

ein, so erhält man

$$V = v \cdot \frac{G}{g}$$

d. h. man findet die Bestandesmasse auch, wenn die Bestandesgrundfläche durch die Kreisfläche des Mittelstammes dividiert und der Quotient mit der Masse des letzteren multipliziert wird.

Wenn die Grundfläche g des konkreten Mittelstammes genau $= \dfrac{G}{N}$ ist, so wird zur Massenberechnung stets die einfache Formel

$$V = v \cdot N$$

benutzt.

Die andere Formel ist dann am Platze, wenn $\dfrac{G}{g}$ nicht genau $= N$, ein Fall, der bei den später noch zu besprechenden Verfahren von Draudt und Urich leicht vorkommt und dort auch näher erörtert werden wird.

Verfahren des mittleren Modellstammes.

Oberförsterei: Freienwalde.   Jagen: 18.   Holzart: Kiefer.

| Holzart | der kluppierten Stämme | | | des Bestandes | | des mittleren Modellstammes | | Zahl der Probestämme |
| | Stärkestufe | Zahl | Kreisflächensumme | Stammzahl | Kreisfläche | Kreisfläche in qcm | Durchmesser in cm | |
	cm		qm		qm	bei 1,3 m über dem Boden		
Kiefer	15	2	0,038	—	—	—	—	—
	20	10	0,343	—	—	—	—	—
	25	42	2,111	—	—	—	—	—
	30	64	4,535	176	13,238	752	30,9	2
	35	41	3,879	—	—	—	—	—
	40	12	1,478	—	—	—	—	—
	45	5	0,854	—	—	—	—	—

Es wurden 2 Probestämme ausgewählt, welche beide einen Durchmesser in Brusthöhe von 31 cm hatten. Länge und Mittendurchmesser waren nach der Fällung ermittelt zu: 16 m und 21,2 cm bzw. 18 m und 22,0 cm. Der Festgehalt von a war 0,56, jener von b 0,68 fm, als Mittel also 0,62 fm. Die ganze Bestandesmasse ist demnach: $176 \times 0,62 = 109,12$ fm.

§ 33. Massenermittelung unter Benutzung der Bestandes-Formzahl (Formhöhe).

Gegen das ziemlich einfache Verfahren des mittleren Modellstammes sind im Laufe der Zeit wesentliche Bedenken geltend gemacht worden. Wenn der Grundflächen-Mittelstamm auch der Massenmittelstamm sein soll, so muß er, wie im vorigen Paragraphen angenommen wurde, auch die mittlere Höhe und Formzahl haben oder es muß wenigstens seine Formhöhe hf d. h. das Produkt aus Höhe und Formzahl dem Mittel des Bestandes entsprechen.

Diese Annahme trifft nach den Untersuchungen von Speidel, Kopetzky und Gerhardt dann zu, wenn die Fällungsergebnisse der Probestämme nicht zu rechnerischen Durchschnitten zusammengefaßt, sondern graphisch ausgeglichen werden. Die Ermittelungen über den mit Hilfe des Mittelstammverfahrens zu erzielenden Genauigkeitsgrad haben aber wenig befriedigt, namentlich wenn die Durchmesser des Bestandes erheblich von einander abweichen.

Man bevorzugt daher in neuerer Zeit ein anderes einfacheres Verfahren, das zuerst 1823 von Hoßfeld angegeben und dann von König weiter ausgebaut worden ist.

Diese Methode berechnet die Bestandesmasse als Produkt von Stammgrundfläche mit Bestandesmittelhöhe und Bestandesformzahl oder von Stammgrundfläche mit Bestandesformhöhe.

Während beim Mittelstammverfahren:

$$V = v \cdot N = g \cdot h \cdot f \cdot N$$

ist hier:

$$V = G \cdot H \cdot F = G \cdot (HF).$$

Auf diese Weise wird die immerhin umständliche Fällung von Probestämmen, die vom wahren Mittel stets mehr oder minder abweichen, erspart. Die neueren Untersuchungen haben ferner für die Bestandesformzahlen so gute Durchschnittswerte geliefert, daß der mit dem Formhöhe-Verfahren erzielte Genauigkeitsgrad jedenfalls hinter jenem des Mittelstammes nicht zurückbleibt, dabei besitzt es den Vorzug größerer Bequemlichkeit.

Die Bestandesmittelhöhe wird für die Arbeiten der Praxis als Durchschnitt der Höhen einer größeren Anzahl beliebig ausgewählten mittelstarken Stämme berechnet.

Für wissenschaftliche Arbeiten haben Ed. Heyer und Lorey folgende Formel abgeleitet:

$$V = GHF = G_1 H_1 F_1 + G_2 H_2 F_2 + G_3 H_3 F_3 + \ldots$$

$$H = \frac{G_1 H_1 F_1 + G_2 H_2 F_2 + G_3 H_3 F_3 + \ldots}{GF}$$

$$H = \frac{G_1 H_1 F_1 + G_2 H_2 F_2 + G_3 H_3 F_3 + \ldots}{G_1 F_1 + G_2 F_2 + G_3 F_3 + \ldots}$$

Diese Formel ist jedoch für den praktischen Gebrauch zu unbequem, man unterstellt daher die durchschnittliche Gleichheit der Formzahlen, wodurch diese übergeht in:

$$H = \frac{G_1 H_1 + G_2 H_2 + G_3 H_3 \ldots}{G_1 + G_2 + G_3 \ldots} \qquad 2)$$

Die nach dieser Formel berechneten Mittelhöhen sind um etwa 0,5—2,0 m höher, als der Durchschnitt der Probestammhöhen, weil die höheren und auch stärkeren Stammklassen dort vermöge des größeren Anteiles an der Bestandeskreisfläche mehr ins Gewicht fallen.

Die **Bestandesformzahl** wird ähnlich wie die Mittelhöhe nach folgender Formel berechnet:

$$F = \frac{G_1H_1F_1 + G_2H_2F_2 + G_3H_3F_3 + \ldots}{G_1H_1 + G_2H_2 + G_3H_3 + \ldots}$$

$$= \frac{V}{GH}$$

unter der Voraussetzung, daß H nach der Formel von Heyer-Lorey ermittelt worden ist.

Die Bestandesformzahlen sind gelegentlich der Aufstellung der neueren Ertragstafeln genauer studiert worden. Es hat sich hierbei ergeben, daß sie bei gleicher Holzart von dem Alter und der Standortsgüte abhängen, sowie daß namentlich die Bestandes-Derbholzformzahlen in den höheren Altersklassen sich wenig ändern.

So zeigen z. B. die Bestandes-Derbholz-Formzahlen der Kiefer auf I. Standortsklasse folgenden Verlauf:

Alter:	40	60	80	100	120	140 Jahre
Bestandes-Derbholz-Formzahl:	437	450	453	451	450	451

Als Muster der Bestandes-Derbholzformzahlen folgen nachstehend die Angaben für Kiefer, Fichte, Tanne, Eiche und Buche II. Standortsklasse im Alter von 100—129 Jahren auf 2 Dezimalstellen abgerundet:

Buche 0,51
Eiche................0,52
Kiefer 0,46
Fichte 0,47
Tanne ....0,52[1]

Beispiel: Kiefernbestand III. Standortsklasse, Alter 110 Jahre, G = 70,84 qm, H als Durchschnitt einer Anzahl von Messungen 23 m, F = 0,46.

$$V = 70,84 \cdot 23,0 \cdot 0,46 = 749,49 \text{ fm.}$$

---

[1] Angaben über Bestandesformzahlen finden sich in den Ertragstafeln sowie in den bereits erwähnten Hilfstafeln zur Inhaltsbestimmung von Bäumen der Hauptholzarten.

Massenermittelung aus Stammgrundfläche, Mittelhöhe und Formzahl.

Von Flury u. A. ist die Formhöhe aus der Formel

$$HF = \frac{V}{G}$$

berechnet und in Tabellen geordnet nach Bestandesmittelhöhe zu=
sammengestellt worden, wodurch die Massenberechnung etwas
vereinfacht wird, weil nur eine Multiplikation: $G \cdot (HF)$ erforderlich
ist. Diese Tabellen haben aber bisher noch keinen Eingang in die
Praxis gefunden.

B. Massenermittelung nach Stärkeklassen.

§ 34. Aufnahme der Bestände nach Klassenmittelstämmen.

Neben den im vorigen Abschnitt A. beschriebenen Methoden der
Massenermittelung der Bestände im Ganzen hat sich gleichzeitig
ein zuerst von Hoßfeld 1812 angegebenes Verfahren entwickelt,
welches die Bestände in Gruppen oder Klassen mit mehr oder min=
der weiten Intervallen teilt und die Massenermittelung für jede
Gruppe gesondert durchführt:

$$V = V_1 + V_2 + V_3 + \ldots$$

Die Massen der einzelnen Klassen, die ursprünglich meist nach
Zollen abgestuft waren, sind anfangs meist unter Anwendung des
Mittelstammverfahrens berechnet worden. Diese Methode ist in
verschiedenen Forsteinrichtungs=Instruktionen aus der ersten Hälfte
des 19. Jahrhunderts vorgeschrieben, ihre Umständlichkeit hat zur
Aufstellung der bayerischen Massentafeln vom Jahre 1846 geführt.
Sie vermeidet die oben (S. 62) angegebenen Bedenken gegen das
Mittelstammverfahren, weil die Massenermittelung immer nur für
Klassen mit nahe zusammenliegenden Durchmessern durchgeführt
wird, für welche die Abhängigkeit der Höhen und Formzahlen
vom Durchmesser sicher angenommen werden darf.

Im Laufe der Zeit haben sich dann verschiedene Verfahren heraus=
gebildet, die auf der Bildung von Stärkestufen beruhen.

Sie lassen sich in zwei Gruppen teilen, von denen die eine die
Massen der Probestämme aus Massentafeln entnimmt oder die
Massen der Klassen nach Bestandesformzahlen berechnet (ideelle
Probestämme), während bei den anderen die Massen der gefällten
Probestämme zur Berechnung benutzt werden (reelle Probe=

stämme). Letztere lassen sich nochmals in zwei Kategorien teilen, je nachdem eine gemeinsame Aufarbeitung der Probestämme zulässig ist oder nicht.

Oben (S. 61) ist bereits darauf hingewiesen worden, daß der Ausdruck:

$$V = N \cdot v$$

auch ersetzt werden kann durch:

$$V = \frac{G}{g} \cdot v$$

Bei der Ausscheidung von Klassen erhält man demgemäß statt:

$$V = N_1 v_1 + N_2 v_2 + N_3 v_3 + \ldots$$

$$V = \frac{G_1}{\Gamma_1} v_1 + \frac{G_2}{\Gamma_2} v_2 + \frac{G_3}{\Gamma_3} v_3 + \ldots \qquad 1)$$

Wenn nun die Bildung der Klassen und die Auswahl der Probestämme so erfolgt, daß das Verhältnis der Kreisflächen der Klassen zu jener der hierfür gewählten Probestämme dasselbe bleibt, daß also:

$$\frac{G_1}{\Gamma_1} = \frac{G_2}{\Gamma_2} = \frac{G_3}{\Gamma_3} = \ldots = c$$

so geht die Formel 1 über in:

$$V = c \, (v_1 + v_2 + v_3 + \ldots) \qquad 2)$$

worin der Ausdruck innerhalb der Klammern die Masse des Probeholzes bedeutet.

Unter dieser Voraussetzung ist also eine gemeinschaftliche Aufarbeitung der Probestämme statthaft, man findet alsdann die Bestandesmasse durch Multiplikation der Masse des Probeholzes mit dem gemeinschaftlichen Faktor c.

Zu den Verfahren, bei welchen die auszuwählenden Probestämme nicht nur verschiedenen Stärkestufen entnommen, sondern auch in einen derartigen Zusammenhang unter einander gebracht werden, daß die einheitliche Aufarbeitung des Probeholzes stattfinden und die Bestandesmasse direkt aus der Masse des gesamten Probeholzes abgeleitet werden kann, gehören jene von Draudt und Urich. Letzterer bezeichnet sie daher als Probestammsysteme in engerem Sinn.

Bei den übrigen Verfahren der Klassenmittelstämme muß die Massenermittelung für jede Klasse gesondert durchgeführt werden.

Die Beſtandesmaſſe ergibt ſich hier erſt als Summe der Maſſen der einzelnen Klaſſen.

§ 35. Maſſenermittelung mit Hilfe der Maſſentafeln.

Die Klaſſenbildung erfolgt hier gewöhnlich unter Benützung der für die Kluppierung des Beſtandes gebildeten Stärkeſtufen von meiſt 4—5 cm um die umſtändliche Berechnung der Mitteldurchmeſſer der Klaſſen zu vermeiden.

Die nächſte Arbeit beſteht in der Ableitung der Höhenkurven auf graphiſchem Wege, um aus ihnen die ausgeglichenen Höhen der einzelnen Stärkeklaſſen ableſen zu können. Zu dieſem Zweck

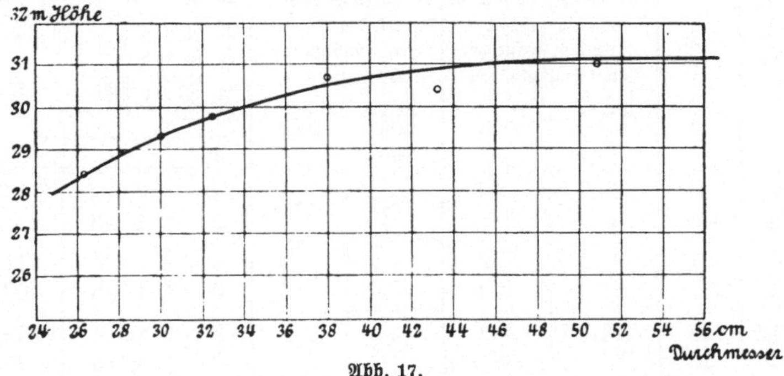

Abb. 17.

werden in dem Beſtande die Höhen einer größeren Anzahl von Stämmen von durchſchnittlicher Beſchaffenheit in möglichſt gleich= mäßiger Verteilung durch alle Stärkeſtufen gemeſſen.

Es empfiehlt ſich, nicht ſofort ſämtliche gemeſſenen Höhen auf= zutragen, ſondern zunächſt die Höhen von nahe zuſammenliegenden Durchmeſſerſtufen zu rechneriſchen Mittelwerten zu vereinigen, weil hierdurch das Bild überſichtlicher und die graphiſche Interpolation ſicherer wird. Dieſe Mittelwerte werden als Ordinaten zu den ent= ſprechenden mittleren Durchmeſſern als Abſziſſen aufgetragen und geſtatten dann die ausgleichende Höhenkurve zu ziehen, aus welcher für beliebige Durchmeſſer die zugehörige Höhe abgeleſen werden kann (Abbildung 17).

Mit Hilfe der ſo ermittelten Höhen kann man aus den Maſſen= tafeln, ſoweit erforderlich unter Berückſichtigung des Alters, die Maſſe v des mittleren Probeſtammes jeder Klaſſe ableſen, die Maſſe der einzelnen Klaſſen iſt dann gleich dem Produkt aus Stammzahl der Klaſſe mal Maſſe des Probeſtammes.

5*

Wenn Massentafeln fehlen, Formzahlenübersichten aber vorhanden sind, so kann man die Massenberechnung auch mit ihrer Hilfe nach der Formel: $V_n = G_n \cdot H_n \cdot F_n$ durchführen.

Die Rechenarbeit ist hier sehr unbequem, weshalb man in diesem Falle die Massenberechnung nur selten nach Klassen getrennt, sondern meist in der früher (S. 62) angegebenen Weise für den ganzen Bestand in einem Zuge vornehmen wird.

Massenberechnung mit Hilfe von Massentafeln.

Oberförsterei: Sonderburg.   Jagen: 1.   Holzart: Buche.

Durchmesser	Stammzahl	Ergebnis der Messungen von Baumhöhen zur Bestimmung der Klassenmittelhöhen		Rechnerische Mittelwerte der Durchmesser und Höhen nach Gruppen		Interpolierte Mittelhöhe	Massenberechnung	
		Durchmesser	Höhe	Durchmesser	Höhe		Derbholzmasse des Mittelstammes	Masse der Klasse
cm		cm	m	m	m	m	fm	fm
25	80	26,3	28,0	26,4	28,4	28	0,693	55,44
30	470	26,6	28,9			29	1,043	490,21
35	481	30,1	28,9	30,1	29,3	30	1,481	712,36
40	365	31,2	29,6			30	1,945	709,92
45	147	31,7	29,6	22,6	29,8	31	2,564	376,08
50	15	33,6	30,0			31	3,183	47,74
55	19	36,9	30,4	38,6	30,7	31	3,881	73,74
—	—	39,2	31,0					
—	—	42,8	30,1	43,4	30,4			
—	—	44,0	30,8					
—	—	51,0	31,0	51,0	31,0			

Bestandesderbholzmasse = 2465,49

§ 36. Verfahren von Draudt.

Hier sollen die Probestämme in ihrer Zusammenstellung ein genaues Modell des Bestandes auch bezüglich der Stammverteilung nach Stärkestufen darbieten.

Dieses Ziel wird am sichersten dann erreicht, wenn in den Modellstämmen möglichst alle Stärkestufen des Bestandes, und zwar in demselben Verhältnis ihrer Stammzahl wie im Bestand selbst vertreten sind, wenn also Modellstämme für alle Stärkestufen proportional zu deren Stammzahl ausgewählt werden.

Zu diesem Zwecke wird zuerst der Prozentsatz p festgestellt, welchen die Probestämme sowohl von der Stammzahl des ganzen

Bestandes als auch von jener der einzelnen Klassen darstellen sollen.
p kann entweder direkt angegeben werden, indem man sagt, es
sollen 1, 2 usw. Prozente der Stammzahlen als Probestämme ge=
fällt werden, oder es wird die Zahl der im ganzen zu fällenden Probe=
stämme festgestellt, und alsdann aus dieser sowie aus der Gesamt=
stammzahl der Prozentsatz p berechnet.

Wenn z. B. die Stammzahl des Bestandes 1780 beträgt und 25 Probe=
stämme gefällt werden sollen, so ergibt sich:

$$1780 : 25 = 100 : p$$
$$p = 1{,}4\%.$$

Da man sich wohl stets zunächst ein Bild von der zulässigen oder nötigen
Anzahl der Probestämme macht, so kommt tatsächlich meist das zweite Verfahren
zur Anwendung unter Abrundung des Prozentsatzes auf einen für die Rechnung
bequemen Betrag.

Mit dem auf der einen oder anderen Weise bestimmten Prozent=
satz p werden die Stammzahlen der einzelnen Stärkestufen, welche
bei der Kluppierung gebildet worden sind, multipliziert, um zu er=
mitteln, wie viele Probestämme für jede Stärkestufe gefällt werden
sollen. Die hierbei entstandenen Bruchteile von Probestämmen
werden dadurch beseitigt, daß man zunächst jene über 0,5 für voll
rechnet und jene unter 0,5 vernachlässigt. Liefern mehrere benach=
barte Stärkestufen keinen ganzen Probestamm oder nur Bruchteile
unter 0,5, was namentlich in den schwächsten und stärksten Stufen
vorkommt, so vereinigt man je nach der Größe dieser Bruchteile
mehrere Stufen und entnimmt den Probestamm entweder aus der
stammreichsten Stufe oder gutachtlich als annähernden Mittelstamm
der betr. Stärkeklasse. Schließlich wird zusammengestellt, ob die
Zahl der so berechneten Probestämme mit ihrer vorher bestimmten
Gesamtzahl übereinstimmt; Differenzen, welche durch die Abrun=
dung veranlaßt sind, werden alsdann ausgeglichen. Die Entstehung
vieler Bruchteile unter einem ganzen Probestamme wird am besten
durch die Kluppierung des Bestandes nach Stärkestufen von 4 zu 4
oder 5 zu 5 cm vermieden, wie bereits oben (S. 58) empfohlen
worden ist.

Die berechneten Modellstämme werden nach Zahl und Durch=
messerstufe unter Notierung ihrer Grundstärken im Walde ausge=
wählt. Nach dem Fällen werden sie meist nach den gewöhnlichen
Verkaufsmaßen und Sortimenten aufgearbeitet oder ihr Inhalt bei
wissenschaftlichen Arbeiten durch sektionsweise Kubierung ermittelt.

Dem Prinzipe des Verfahrens entsprechend müßte das Probeholz I ebenfalls den angenommenen Prozentsatz p der Bestandesmasse V darstellen und letztere nach dem Ausdrucke:

$$V = \frac{I \cdot 100}{p}$$

zu berechnen sein. Wegen der Abrundung bei Bestimmung der Probestammzahl trifft jedoch dieses Verhältnis nicht mehr ganz genau zu und wird statt des Quotienten $\frac{100}{p}$ nach Draudts Vorschlag

jener: $\dfrac{\text{Kreisflächensumme des Bestandes}}{\text{Kreisflächensumme der Probestämme}}$ eingeführt, und durch Multiplikation des letzteren mit der Masse des Probeholzes die Bestandesmasse gefunden.

Sind die Probestämme nach Sortimenten aufgearbeitet worden, so bekommt man hierdurch auch ein Bild von der Verteilung der Bestandesmasse nach diesen Sortimenten; der zu erwartende Anfall hieran wird berechnet durch Multiplikation der Einzelbeträge, welche sich bei der Aufarbeitung ergeben haben, mit diesem Quotienten:

$$\frac{\text{Kreisflächensumme des Bestandes}}{\text{Kreisflächensumme der Probestämme.}}$$

Theoretische Begründung des Draudt'schen Verfahrens.

Wenn n die Zahl der in einer Stärkestufe vorhandenen Stämme und v jene der aus derselben zu entnehmenden Probestämme, $v = i$ und γ die Masse bzw. Kreisfläche je eines Stammes darstellen so hat man

$$n_1 : v_1 = n_2 : v_2 = 100 : p.$$

Die Bestandesmasse $V = v_1 n_1 + v_2 n_2 + v_3 n_3 + \ldots$

$$= v_1 \frac{n_1}{v_1} v_1 + v_2 \frac{n_2}{v_2} v_2 + v_3 \frac{n_3}{v_3} v_3 + \ldots$$

Da aber $\qquad \dfrac{n_1}{v_1} = \dfrac{n_2}{v_2} = \dfrac{n_3}{v_3} = \dfrac{100}{p},$

so ist $v = (i_1 v_1 + i_2 v_2 + i_3 v_3) \dfrac{100}{p}$ 1)

Die Kreisflächensumme des Bestandes

$$G = \gamma_1 n_1 + \gamma_2 n_2 + \gamma_3 n_3 + \ldots \qquad\qquad 2)$$

Die Kreisflächensumme der Probestämme

$$\Gamma = \gamma_1 v_1 + \gamma_2 v_2 + \gamma_3 v_3 + \ldots$$

Da
$$\frac{n}{v} = \frac{100}{p},$$

so ist auch
$$v = \frac{p}{100}\, n$$

und
$$\Gamma = \frac{p}{100}\,(\gamma_1 n_1 + \gamma_2 n_2 + \gamma_3 n_3 + \ldots)$$

oder nach 2)
$$\Gamma = \frac{p}{100}\, G$$

hieraus folgt
$$\frac{G}{\Gamma} = \frac{100}{p}$$

setzt man $\dfrac{G}{\Gamma}$ für $\dfrac{100}{p}$ in Gleichung 1) ein, so erhält man:

$$V = (i_1 v_1 + i_2 v_2 + i_3 v_3 + \ldots)\frac{G}{\Gamma}.$$

Bei der Auswahl der Probestämme braucht man sich auch nicht allzu ängstlich an die berechneten Durchmesser zu halten, sondern es sind kleine Abweichungen zulässig, da sich bei der größeren An= zahl von Probestämmen diese Fehler so ziemlich ausgleichen und

das Verhältnis $\dfrac{(i_1 v_1 + i_2 v_2 + i_3 v_3 + \ldots)}{\Gamma}$ trotzdem nahezu gleich

bleibt, weil bei einem nicht ganz richtig ausgewählten Stamme v und γ sich im gleichen Verhältnis ändern werden. Man hat nur darauf zu sehen, daß Γ möglichst genau $= G \cdot 0{,}0p$ wird, weil dann die zu starken Durchmesser von schwächeren wieder ausgeglichen werden.

Die Vorzüge des Draudtschen Verfahrens bestehen einerseits in dem hohen Grade von Genauigkeit, mit welchem die Bestandes= masse berechnet wird, und andererseits in seiner Einfachheit sowie in der Möglichkeit, die Probestämme gemeinschaftlich aufarbeiten sowie aus der sich hierbei ergebenden Verteilung nach Sortimenten einen Schluß auf den zu erwartenden Gesamtanfall an letzteren ziehen zu können.

Als Schattenseiten dieses Verfahrens sind hervorzuheben, daß bei der Multiplikation der Stammzahlen mit 0,0p Bruchteile ent= stehen, welche teils vernachlässigt, teil voll gerechnet werden, sowie daß bei geringer Stammzahl oft mehrere Stärkestufen gar keine Vertretung finden und ein auf mehrere derselben entfallender Probe= stamm ziemlich willkürlich zugeteilt werden muß.

Draudt'sches Verfahren.　　　　　　　　　　Oberförsterei Wirthy.
Jagen: 132.　　　　Holzart: Kiefer.

Der Stämme			Stamm=zahl mal 0,011	Der Probestämme				Durchmesser der ausgewählten Probe=stämme
Durch=messer	Anzahl	Kreis=fläche		Durch=messer	Anzahl	Kreisfläche qm		
						soll	ist	
cm		qm		cm				cm
15	76	1,343	0,84	15	1	0,018	0,017	14,8
20	372	11,687	4,09	20	4	0,126	0,127	19,0, 20,5, 20,0, 20,8
25	576	28,275	6,34	25	6	0,295	0,319	24,0, 25,3, 25,5, 23,8, 25,1, 26,5
30	308	21,771	3,39	30	3	0,212	0,216	29,6, 31,0, 30,2
35	832	80,048	9,15	35	9	0,866	0,883	33,5, 36,0, 35,2, 35,8, 37,0 35,6, 34,4, 34,3, 36,2,
40	300	37,699	3,30	40	3	0,377	0,379	39,5, 41,0, 39,8
45	132	20,993	1,45	45	2	0,318	0,320	44,2 46,0
50	48	9,425	0,53	50	1	0,196	0,185	48,6
	2644	211,241			29	2,408	2,446	

Wenn etwa 30 Probestämme gefällt werden sollen, so berechnet sich folgender Prozentsatz:

$$2644 : 30 = 100 : p$$
$$p = 1,13 \%$$

Bei Abrundung auf 1,1 % ergeben sich 29 Probestämme.

Die Gesamtmasse des Probeholzes war: 30,90 fm.

Die Bestandesmasse ist demnach

$$= \frac{211,241}{2,446} \cdot 30,90 = 86,36 \cdot 30,90 = 2668,52 \text{ fm.}$$

Bei der Aufarbeitung des Probeholzes hat sich folgende Verteilung nach Sortimenten ergeben: 8,60 fm Stammholz II. Kl., 12,40 fm III.·Kl., 5,26 fm IV. Kl., 4,53 rm Kloben, 2,10 rm Knüppel.

Der Gesamtentfall wird sich daher wie folgt nach Sortimenten verteilen:

Stammholz II. Klasse	8,60 · 86,36 =	742,70	fm
„　　 III.	„	12,40 · 86,36 =	1070,86	„
„　　 IV.	„	5,26 · 86,36 =	454,25	„
Kloben	4,53 · 86,36 =	391,21	rm
Knüppel	2,10 · 86,36 =	181,36	„

Die erwähnten Bedenken kommen nur bei kleinen Beständen mit weiterauseinanderliegenden Stärkestufen oder bei Probeflächen in Betracht, allein auch hier werden mit dem Draudt'schen Verfahren, wie durch Versuche nachgewiesen worden ist, sehr gute Resultate erzielt.

§ 37. Verfahren von Urich.

Dieses geht von demselben Gedanken aus wie das Draudtsche, sucht aber den kleinen Fehler, welcher durch die Abrundung der bei der Multiplikation mit 0,0p entstandenen Bruchteile veranlaßt wird, dadurch zu umgehen, daß ein Probestamm je für die gleiche Stammzahl entnommen wird.

Bei dem Urichschen Verfahren werden die Stämme des Bestandes nach der Reihenfolge der Stärkestufen Klassen von gleicher Stammzahl zugewiesen, wobei nach Bedarf auch einzelne Stärkestufen zerteilt werden. Für jede dieser Klassen wird der mittlere Modellstamm berechnet.

Im übrigen stimmt das Verfahren ganz mit jenem von Draudt überein. Auch hier ist eine gemeinsame Aufarbeitung des Probeholzes statthaft und wird die Bestandesmasse ebenso wie ihre Verteilung nach Sortimenten berechnet durch Multiplikation der Masse des gesamten Probeholzes oder des betreffenden Sortimentes mit

dem Quotienten: $\dfrac{\text{Kreisflächensumme des Bestandes}}{\text{Kreisflächensumme der Probestämme}}$.

Bezüglich der Zahl der Klassen bestehen keine bestimmten Vorschriften, doch wird man deren nicht zu wenige (jedenfalls nicht weniger als drei) bilden dürfen, um den bei Besprechung des mittleren Modellstammes erwähnten Mißstand zu vermeiden, daß die mit der mittleren Kreisfläche versehenen Stämme nicht auch den mittleren Inhalt der betreffenden Gruppe besitzen. Eine zu große Anzahl von Gruppen erschwert das Verfahren, indem zu oft eine Teilung von Stärkestufen notwendig wird und für jede Gruppe der Modellstamm berechnet werden muß.

Am gebräuchlichsten ist die Zerlegung in fünf Klassen.

Ebenso wie beim Verfahren des mittleren Modellstammes, so ist auch hier der berechnete Probestamm aus bekannten Gründen in einer, für jede Klasse sich gleichbleibenden, Mehrzahl von Exemplaren zu fällen. Die Erfahrung hat gezeigt, daß die Richtigkeit der Resultate durch ungenügende Probestammfällung sehr beeinträchtigt wird; unter zwei Stämmen je Klasse wird man nur ausnahmsweise herunter gehen dürfen, besser ist es deren drei bis fünf zu nehmen.

Verfahren nach Urich.   Oberförsterei: Buchwerder.

Jagen: 88.   Holzart: Kiefer.

Der Stämme		Der Klassen						Des Klassen-Probestammes		Der gewählten Probestämme				
Durchmesser in 1,3 m (cm)	Anzahl	Nummer	Stärkestufe (cm)	Stammzahl im einzeln	Stammzahl im ganzen	Kreisflächensumme im einzeln (qm)	Kreisflächensumme im ganzen (qm)	Kreisfläche (qm)	Durchmesser (cm)	Nummer	Durchmesser (cm)	Kreisfläche im einzeln (qm)	Kreisfläche pro Klasse (qm)	Berechnete Kreisfläche der Probestämme (qm)
15	76	I.	15	76		1,343				1	19,0	0,0284		
18	372		18	372	936	9,466	27,711	0,0296	19,4	2	18,5	0,0269	0,0867	0,0888
21	576		21	488		16,902				3	20,0	0,0314		
24	808													
27	832	II	21	88		3,048				4	24,0	0,0452		
30	908		24	808	935	36,553	41,834	0,0447	23,8	5	23,5	0,0434	0,1284	0,1341
33	600		27	39		2,233				6	22,5	0,0398		
36	300													
39	132	III	27	793		45,404				7	26,0	0,0531		
42	48		30	142	935	10,038	55,442	0,0593	27,5	8	29,0	0,0661	0,1765	0,1779
45	24									9	27,0	0,0573		
4676		IV.	30	766		54,145				10	30,1	0,0712		
			33	169	935	14,455	68,600	0,0734	30,6	11	29,2	0,0670	0,2237	0,2202
										12	33,0	0,0855		
		V.	33	431		37,863				13	35,0	0,0962		
			36	300		30,536				14	38,0	0,1134		
			39	132	935	15,769	93,635	0,1001	35,7	15	34,7	0,0946	0,3042	0,3003
			42	48		6,650								
			45	24		3,817								
					4676		287,222						0,9195	0,9213

Die Aufarbeitung der Probestämme hat ergeben: 4,08 fm Derbholz.
Die gesamte Derbholzmasse ist demnach:

$$\frac{287,222}{0,9195} \cdot 4,08 = 1274,46 \text{ fm}$$

Die genaue Einhaltung der berechneten Durchmesser bei Auswahl der Probestämme ist auch hier nicht erforderlich, wenn nur die Summe ihrer Grundflächen dem berechneten Soll möglichst nahe kommt.

Theoretische Begründung des Urich'schen Verfahrens.

Da die Zahl der Stämme für alle Klassen gleich ist, findet man:

$$V = i_1 N + i_2 N + i_3 N + \ldots = N\,(i_1 + i_2 + i_3 + \ldots)$$

oder
$$V = \frac{N}{v}\,(i_1 v + i_2 v + i_3 v + \ldots) \qquad 1)$$

Ferner ist
$$G_2 = \gamma_1 N \ \text{und} \ \varGamma_1 = \gamma_1 v$$
$$G_2 = \gamma_2 N \qquad \varGamma_2 = \gamma_2 v$$
$$G_3 = \gamma_3 N \qquad \varGamma_3 = \gamma_3 v.$$

Hieraus folgt
$$\frac{G_1}{\varGamma_1} = \frac{\gamma_1 N}{\gamma_1 v}$$
$$\frac{G_2}{\varGamma_2} = \frac{\gamma_2 N}{\gamma_2 v}$$
$$\frac{G_3}{\varGamma_3} = \frac{\gamma_3 N}{\gamma_3 v}$$

Demnach ist $\ G_1 = \varGamma_1 \dfrac{N}{v},\ G_2 = \varGamma_2 \dfrac{N}{v} \ldots \qquad 2)$

Da $G_1 + G_2 + G_3 = G = \dfrac{N}{v}\,(\varGamma_1 + \varGamma_2 + \varGamma_3) = \dfrac{N}{v}\varGamma$

so folgt
$$\frac{N}{v} = \frac{G}{\varGamma} \qquad 3)$$

Setzt man $\dfrac{G}{\varGamma}$ für $\dfrac{N}{v}$ in Gleichung 1 ein, so erhält man auch hier:

$$V = (i_1 v + i_2 v + i_3 v + \ldots)\,\frac{G}{\varGamma}.$$

Für die praktische Anwendung ist es störend, daß das Urich'sche Verfahren das Aufschlagen der Kreisfläche notwendig macht, ehe die Probestämme ausgewählt werden können, was die Arbeit im Walde verzögert und erschwert.

Baur empfiehlt deshalb: Man bilde Stammzahlgruppen nach Urich, unterlasse aber die Berechnung der Kreisflächen für jede Gruppe, sowie jene der Flächen der Modellstämme, sondern wähle vielmehr in jeder Stammgruppe den Probestamm einfach in der Stärkestufe aus, welche am zahlreichsten vertreten ist.

Da aber bei dieser Methode der Probestamm in den schwächsten und stärksten Gruppen, in welchen stets eine größere Zahl von Stärkestufen vereinigt ist, nicht selten in eine offenbar unpassende Stufe fällt, so gibt die von Urich selbst später vorgeschlagene Modifikation seines Verfahrens, nach welcher der Taxator die Stärke des Mittelstammes lediglich durch Einschätzung je nach der Verteilung der Stammzahlen auf die Stärkestufen bestimmen soll, noch etwas bessere Resultate.

§ 38. Verfahren von Robert Hartig.

Gegen die Verfahren von Draudt und Urich läßt sich der (von R. Hartig gemachte) Einwand erheben, daß beide von der Stammzahl und nicht von der Masse ausgehen. Da für die stärkeren, mehr Masse enthaltenden Klassen nicht auch eine größere Anzahl von Probestämmen gefällt wird, so wendet man den ersteren verhältnismäßig weniger Sorgfalt zu als den geringeren. Abweichungen bei der Auswahl der Probestämme machen sich deshalb dort in Bezug auf die Bestandesmasse bemerkbarer als hier.

Diese Fehlerquellen lassen sich vermeiden, wenn beim Draudtschen und Urichschen Verfahren soviele Probestämme gefällt werden, daß jedenfalls auch in den stärksten Klassen der erforderliche Grad von Genauigkeit erreicht wird.

Einen anderen Weg hat zu diesem Behufe R. Hartig eingeschlagen, indem er nicht von der Stammzahl, sondern von der Stammgrundfläche, als dem Repräsentanten der Masse, ausgeht, Klassen von gleicher Stammgrundfläche bildet, welche deshalb auch annähernd gleiche Masse haben, und für jede dieser Klassen dann die gleiche Zahl von Probestämmen auswählt.

Bei diesem Verfahren ist eine gemeinsame Aufarbeitung des Probeholzes nicht statthaft.

Aus diesem Grunde, sowie wegen der etwas komplizierten Art der Klassenbildung hat sich dieses Verfahren keinen Eingang in die Praxis zu verschaffen vermocht, obwohl sein Genauigkeitsgrad bei gleicher Probestammzahl aus dem eingangs angegebenen Grunde etwas größer ist, als jene der Methoden von Draudt und Urich. Besondere Bedeutung besitzt es aber für wissenschaftliche Untersuchungen, welche aus irgend welchen Gründen auf eine geringe Anzahl von Stämmen beschränkt werden müssen.

§ 39. Massenermittelung mit beliebiger Abgrenzung der Klassen.

Diese ist wegen der hier erforderlichen gesonderten Massenberechnung der einzelnen Klassen sehr unbequem, namentlich wenn sie auf Grund der Fällung von Probestämmen durchgeführt werden soll. Sie hat daher im Laufe der Zeit für die Zwecke der Praxis anderen Verfahren weichen müssen und findet jetzt nur noch dann Anwendung, wenn die mit der Klassenbildung besondere wissenschaftliche Zwecke verfolgt werden.

Als solche kommt namentlich die Untersuchung des Anteiles der einzelnen Klassen an die Zusammensetzung des Bestandes und am Zuwachs in Betracht.

Zu diesem Behufe hat Block die Bildung von Stammklassen nach bestimmten, stets gleichbleibenden Stammzahlen vorgeschlagen. So werden z. B. bei der preußischen Versuchsanstalt folgende Gruppen gebildet: für die 400 stärksten Stämme je ha solche zu 100 Stämmen, vom stärksten Stamme angefangen, für die folgenden 600 Stämme (401—1000) zu je 200 und darüber hinaus je 400 Stämme.

§ 40. Auswahl und Kubierung der Probestämme.

Da das Verfahren der Massenermittelung eines Bestandes mit Hilfe von Probestämmen darauf beruht, daß aus dem Inhalt einiger nach einer der oben besprochenen Methode ausgewählten Probe-stämme die Masse des ganzen Bestandes berechnet wird und daher ein Schluß vom kleinen aufs große gezogen werden muß, so ist es notwendig, bei der Auswahl und Kubierung der Probestämme auf das sorgfältigste zu Werke zu gehen, indem sich sonst hierbei be-gangene Fehler im Resultat in vielfach vergrößertem Maßstabe wiederfinden.

Bei sämtlichen Methoden zur Bestimmung der Probestämme wird nur deren Durchmesser in Brusthöhe ermittelt, während man die beiden übrigen massenbildenden Faktoren, Höhe und Formzahl, als Funktionen des Durchmessers betrachtet und sie deshalb als durch letzteren gegeben annimmt.

Wenn nun diese Voraussetzung auch für den Durchschnitt einer größeren Anzahl von Stämmen zutrifft, so darf doch andererseits nicht übersehen werden, daß die einzelnen Individuen Abweichungen, und zwar oft recht bedeutende, von dieser fundamentalen Annahme zeigen.

Die Auswahl der Probestämme muß deshalb nicht nur so er-folgen, daß augenfällige Unrichtigkeiten vermieden werden, d. h. daß der Stamm auch die seinem Durchmesser entsprechende Höhe und Form annähernd besitzt, sondern es ist auch notwendig, eine Mehrzahl von Probestämmen auszuwählen, um durch den Mittel-wert ihrer Massen die bei aller Sorgfalt unvermeidlichen kleinen Abweichungen in der Höhe und Form der einzelnen Individuen auszugleichen.

Die Zahl der auszuwählenden Modellstämme hängt ab von dem erstrebten Genauigkeitsgrade und von der Größe der aufzunehmenden Bestände.

Mit Rücksicht auf den Genauigkeitsgrad der Messung muß eine möglichst große Anzahl von Probestämmen als wünschenswert bezeichnet werden. Andererseits legen aber die Verhältnisse der Wirtschaft, namentlich die Schwierigkeit der Verwertung der Probestämme, welche bei Taxationen im ganzen Revier herumliegen, eine gewisse Beschränkung auf. Man muß daher alle sich sonst bietenden Gelegenheiten für Auswahl von Probestämmen, namentlich die gelegentlich der Forsteinrichtung häufig vorkommenden Aufhiebe von Gestellen und Weglinien sorgfältig benutzen.

Im allgemeinen pflegt die Zahl der Probestämme zwischen 2 und 5 je Klasse zu schwanken, in jüngeren und daher stammreicheren Beständen nimmt man deren mehr als in älteren. Von der Gesamtstammzahl des ganzen Bestandes wird in älteren Beständen ein höherer Prozentsatz von Probestämmen gefällt als in jüngeren, da sich in ersteren die Fehler bei der Auswahl von Probestämmen am unangenehmsten fühlbar machen.

Je ausgedehnter die Bestände sind, und je größer demnach wegen der wechselnden Standorts- und Bestandesgüte voraussichtlich die Verschiedenheiten in der Form und Höhe bei gleichem Durchmesser sein werden, desto mehr Probestämme müssen ausgewählt werden, um ein richtiges Bild der mittleren Wachstumsverhältnisse zu erhalten. Die Probestämme sind deshalb auch aus verschiedenen Teilen des Bestandes zu entnehmen.

Am bedeutendsten werden derartige Verschiedenheiten innerhalb eines Bestandes im bergigen Terrain, wo Exposition und Höhenlage ungleich sind. Wenn die erwähnten Verschiedenheiten erheblich werden und flächenweise getrennt auftreten, dann ist es zweckmäßig, die Massenermittelung für die einzelnen Bestandespartien gesondert durchzuführen.

Die Schwierigkeiten, welche mit der Auswahl und Fällung einer genügenden Anzahl allen Anforderungen entsprechender Probestämme verbunden sind, haben dazu geführt, daß gegenwärtig Methoden die mit reellen Probestämmen arbeiten, in der Praxis der Forsteinrichtung kaum noch Anwendung finden. Nur das Verfahren von Draudt und Urich verdienen dann Berücksichtigung, wenn es sich darum handelt, außer der gesamten Bestandesmasse auch ihre Verteilung nach Sortimenten kennen zu lernen, was für Wertsberechnungen von Bedeutung sein kann.

Die Ermittelungen der forstlichen Versuchsanstalten haben aber auch gezeigt, daß es außerordentlich schwer ist, ideal gewachsene Probestämme zu finden, sondern daß selbst innerhalb kleiner, ganz gleichartiger Bestandesteile namentlich die Formzahlen in sehr weiten Grenzen schwanken. Die hierdurch bedingten Fehler der Massenermittelung machen sich besonders bei wiederholten Aufnahmen desselben Bestandes für die Zwecke der Zuwachsermittelung sehr unangenehm fühlbar. Aus diesem Grunde sind in neuerer Zeit verschiedene Vorschläge aufgetaucht, welche darauf hinzielen, die in den Probestämmen ermittelten Abmessungen nicht unmittelbar, sondern erst nach vorheriger Ausgleichung zur Massenberechnung zu benutzen.

Der erste Vorschlag ist von Fricke gemacht und von mir, zunächst in Verbindung mit ihm, dann später von mir allein zu dem seit 1890 bei der preußischen Versuchsanstalt üblichen Verfahren ausgebildet worden[1]).

Die Klassenbildung erfolgt hier nach Stammzahlgruppen in der oben (S. 77) angegebenen Weise. Die Probestämme werden in möglichst gleichmäßiger Verteilung über sämtliche Stärkeklassen entnommen, dienen aber nur dazu, um Angaben für Höhen und Formzahlen zu liefern. Diese werden hierauf graphisch durch Höhen- und Formzahlkurven ausgeglichen, in jenen Fällen, z. B. in älteren Laubholzbeständen, in welchen die Formzahlen innerhalb desselben Bestandes sehr unregelmäßig verlaufen, wird der Durchschnitt der Formzahlen berechnet. Die Masse der einzelnen Klassen ergibt sich dann als Produkt von Stammgrundfläche mit den aus den Kurven abgelesenen Höhen und Formzahlen oder mit dem Durchschnitt der letzteren.

Bei Wiederholung der Aufnahmen gestatten die Messungen des Höhenzuwachses, der infolge der stammweisen Numerierung der Versuchsflächen bekannte Durchmesserzuwachs und die nach Stammanalysen festgestellte Veränderung der Formzahlen die Probestämme der früheren Aufnahmen mit den neuen zu kombinieren. Eine Ergänzung der Ermittelungen über den Gang der Formzahlen bieten die Formzahluntersuchenden forstlichen Versuchsanstalten, welche die

---

[1]) Schwappach, Zur Methode der Massenermittelung bei forstlichen Versuchsarbeiten. Zeitschr. f. F. S. W. 1891, S. 518.

durchſchnittliche Veränderung der Formzahlen mit wachſender Höhe erſehen laſſen. Hieraus ergibt ſich nicht nur eine erhebliche Ver= mehrung der Probeſtämme, ſondern namentlich der Vorteil, daß die möglichen Abweichungen der Probeſtämme zweier aufeinan= der folgenden Aufnahmen nicht in entgegengeſetztem Sinne liegen, wodurch die Ermittelungen des Zuwachſes höchſt fehlerhaft werden können.

Einen anderen Weg hat Speidel im Jahre 1893 bei ſeinem „Maſſenkurven=Verfahren" vorgeſchlagen. Er gleicht nicht, wie ich, Höhen und Formzahlen, ſondern die Maſſen ſelbſt graphiſch aus. Hierbei benutzt er die Ergebniſſe ſeiner Meſſungen, berückſich= tigt aber auch den Verlauf der ſog. Maſſentafelkurve, welche er nach den Angaben einer Maſſentafel für die im betr. Beſtande ver= tretenen Durchmeſſer und Höhen konſtruiert.

Endlich iſt noch ein Ausgleichsverfahren von Kopetzky und Gehr= hardt, das Maſſenlinienverfahren zu erwähnen. Dieſes be= ruht darauf, daß die nach den Grundflächen (nicht nach Durch= meſſern) geordneten Einzelſtämme Maſſen eines Beſtandes und ebenſo auch die Produkte gh und gf der Probeſtämme eine mathematiſche Reihe 1. Ordnung, alſo eine gerade Linie darſtellen ſollen und dem= nach in einfachſter Weiſe einen Ausgleich geſtatten. Es bleibt noch nachzuweiſen, ob dieſes für die Fichte ermittelte Geſetz auch für andere Holzarten zutrifft.

§ 41. Maſſenermittelung nach Probeflächen.

Es iſt nicht für alle Aufgaben notwendig, die Maſſe der ganzen Beſtände aufzunehmen, ſondern unter verſchiedenen Vorausſetzungen genügt die Aufnahme des Holzmaſſengehaltes eines Teiles hier= von, des ſogenannten Probebeſtandes, um aus dieſem weitere Schlüſſe ziehen zu können. Die dem Probebeſtande zu Grunde liegende Fläche heißt Probefläche.

Die Ausdrücke „Probefläche" und „Probebeſtand" werden in= deſſen gewöhnlich als ſynonym gebraucht.

Probebeſtände werden zu zwei verſchiedenen Zwecken aufge= nommen, nämlich teils für die Ausführung wiſſenſchaftlicher Unter= ſuchungen, teils bei den taxatoriſchen Arbeiten.

Erſtere erfordern einerſeits einen ſolchen Aufwand an Arbeit, daß es nicht möglich iſt, große Flächen in dieſer Weiſe zu behandeln, andererſeits ſetzen verſchiedene Unterſuchungen eine derartige Regel=

mäßigkeit und Gleichartigkeit der Bestände voraus, wie sie im großen niemals zu finden ist. Man beschränkt sich deshalb hierbei auf kleinere Flächen.

Die Gesichtspunkte, nach welchen Probeflächen für wissenschaftliche Untersuchungen auszuwählen sind, hängen von dem speziellen Zwecke dieser Arbeiten ab und kommen deshalb hier nicht weiter in Betracht.

Bei taxatorischen Arbeiten werden Probeflächen angewendet, um die speziellen Massenaufnahmen einzuschränken und auf diese Weise an Arbeit zu sparen. Man betrachtet hierbei die Probeflächen als ein Modell des ganzen Bestandes und schließt von ihrem Massengehalt auf jenen des letzteren.

Die Arbeitsminderung wird hauptsächlich dadurch ermöglicht, daß die Ermittelung der Kreisfläche nicht für den ganzen Bestand, sondern nur für die Probefläche vorgenommen zu werden braucht; bezüglich der Bestimmung der beiden übrigen massenbildenden Faktoren, Höhe und Formzahl, ergibt sich keine nennenswerte Ersparnis.

Bei Anwendung von Probeflächen zur Bestandesmassenermittelung ist aber zu berücksichtigen, daß die Kreisfläche jener Faktor ist, der sich für den ganzen Bestand relativ mit der größten Genauigkeit feststellen läßt, während dieses für Höhe und Formzahl immer nur annähernd der Fall ist.

Probeflächen erscheinen demnach nur dann zulässig, wenn die Bestände so gleichmäßig sind, daß durch Beschränkung der Kreisflächenaufnahme der erstrebte Genauigkeitsgrad der Arbeit nicht leidet, und wenn es möglich ist, auf der Probefläche die mittlere Höhe und Formzahl des Bestandes richtig zu bestimmen.

Diese Voraussetzungen treffen hauptsächlich in regelmäßig bestandenen jüngeren und mittelalten Beständen zu, während alte, ungleichmäßige Bestände (Blenderwald, Licht- und Abtriebsschläge, Oberholz des Mittelwaldes), sowie solche, in welchen die Bonität mehrfach wechselt, sich hierzu nicht eignen.

Die Aufnahme nach Probeflächen ist ferner da am Platze, wo die spezielle Massenaufnahme des ganzen Bestandes mit großen Schwierigkeiten verknüpft ist, und das Holz noch einen verhältnismäßig geringen Wert besitzt, wie es z. B. im Hochgebirge häufig der Fall ist, wo ein hoher Genauigkeitsgrad auch aus dem Grunde nicht notwendig erscheint, weil doch ein nicht unbedeutender Prozentsatz der Masse bei der Bringung verloren geht.

In jenen Fällen dagegen, in welchen die Massenaufnahme auch zur Wertsbestimmung des Bestandes benutzt werden soll, wird man, wenigstens in allen älteren Beständen, die Aufnahme stets auf den ganzen Bestand ausdehnen.

Schließlich ist noch zu erwägen, ob durch die Anwendung der Probeflächen eine solche Ersparung von Zeit und Geld erzielt wird, daß der doch immerhin etwas geringe Genauigkeitsgrad dafür in Kauf genommen werden darf.

In Berücksichtigung der oben erörterten Verhältnisse wird jetzt wenigstens in Deutschland bei taxatorischen Arbeiten in der Ebene und im Mittelgebirge vorwiegend die spezielle Massenaufnahme des ganzen Bestandes angewandt, und werden die Probeflächen fast nur noch in ganz jungen Beständen (Niederwaldschlägen) oder in sehr schwierigen Geländeverhältnissen (Hochgebirge) benutzt.

§ 42. Auswahl, Absteckung und Aufnahme der Probeflächen.

Da die Probeflächen ein Modell des ganzen Bestandes darstellen sollen, so müssen sie an jenen Stellen ausgewählt werden, wo der Durchschnitt aller Verhältnisse vertreten ist. Wenn die Standortsgüte im ganzen Bestande die gleiche bleibt, so kommt es nur darauf an, daß der mittlere Bestockungsgrad in der Probefläche vertreten ist. Probeflächen dürfen ferner niemals an die Bestandesränder gelegt werden, weil hier die Entwickelung der Stämme eine andere ist, als im Innern. In sehr großen Beständen werden zweckmäßig mehrere Probeflächen angelegt und deren durchschnittlichen Massen der Berechnung zugrunde gelegt.

Wenn mehrere Standortsklassen in einem Bestande vertreten sind, so müssen diese als gesonderte Bestände behandelt werden. Das ältere Verfahren, die Probeflächen in Form eines Streifens durch sämtliche Bonitäten hindurch zu legen, gibt schlechte Resultate, weil es nicht möglich ist, sie in der Probefläche nach Verhältnis ihrer Ausdehnung vertreten zu lassen. Auch dann, wenn die Standortsklassen allmählich ineinander übergehen, wie an Berghängen, ist eine Ausscheidung für die Zwecke der Massenermittelung vorzunehmen, sobald die Unterschiede in der Bestandesgüte bedeutend sind. In diesem Falle wird der Bestand nach dem Verlauf der Horizontalkurven in mehrere Abteilungen zerlegt, und für jede eine besondere Probefläche aufgenommen.

Die Probefläche soll so groß sein, daß auf ihr die Stammklassen in demselben Verhältnisse vorkommen, wie im ganzen Bestand. Je dichter und gleichmäßiger die Bestockung, desto kleiner kann die Probefläche sein. Sie müssen deshalb in älteren Beständen größer genommen werden als in jüngeren, ebenso in licht bestandenen größer als in dichten Beständen; sehr kleine Probeflächen liefern auch deshalb ein ungenaues Ergebnis, weil bei ihnen zu viele Stämme in die Umfassungslinie fallen.

Zwischen der Größe des ganzen Bestandes und jener der Probefläche soll ein gewisses Verhältnis bestehen. Als Mindestgröße dürften 0,1 ha in ganz jungen, 0,5 ha in mittelalten und 1,0 ha in haubaren Beständen zu betrachten sein.

Als Form der Probefläche wird eine Figur gewählt, bei welcher der Umfang im Verhältnis zum Inhalt tunlichst gering ist, weil alsdann möglichst wenig Stämme auf die Umfassungslinien fallen. Im Wald kann aus nahe liegenden Gründen deshalb nur das Quadrat oder ein diesem möglichst nahe kommendes Rechteck angewendet werden. Das Abstecken der Probeflächen geschieht mittels der Winkeltrommel oder des Winkelspiegels und eines guten Meßbandes. Die Eckpunkte der Fläche werden bei der Aufnahme durch Signalstangen markiert und die Grenzen an den außerhalb stehenden Bäumen durch Anplätten oder mittels Kreide in der Richtung gegen die Probefläche bezeichnet.

Soll die Probefläche länger beobachtet werden, z. B. als Vergleichsfläche für andere Aufnahmen, so müssen die Eckpunkte durch Einschlagen starker Pflöcke gesichert werden. Handelt es sich um solche Probeflächen, welche wiederholt nach Verlauf längerer Zeit aufgenommen werden sollen, so muß die Bezeichnung der Grenzen noch dauerhafter sein. Die Eckpunkte werden alsdann wenn möglich versteint und durch Grenzhügel kenntlich gemacht, die Grenzlinien durch Zwischengräben markiert und die Stämme der Probefläche in Meßhöhe mit Ölfarbenstrichen bezeichnet. Auf ständigen Versuchsflächen werden nunmehr fast durchweg die Stämme der ständigen Probestämme, soweit irgend tunlich, fortlaufend numeriert, ebenso müssen hier die Meßpunkte durch Ölfarbenkreuze festgelegt sein.

Die Ermittelung der Massen auf den Probeflächen erfolgt nach einem der früher besprochenen Verfahren. Da es sich hier um einen Schluß vom kleinen ins große handelt, so wird man stets eine möglichst genaue Methode, am besten jene von Draudt oder Urich mit Fällung von Probestämmen anwenden. Wenn die Probefläche wiederholt aufgenommen werden soll, dürfen die Probestämme natürlich nicht aus dieser selbst, sondern müssen aus ihrer Umgebung entnommen werden.

Da die Massenaufnahme nach Probestämmen bei ganz jungen Beständen (namentlich in Niederwaldschlägen) nur sehr schwierig ausführbar ist, wendet man bei diesen gewöhnlich die Methode des Kahlabtriebes an, d. h. eine kleine Fläche von 5—10 a wird vollständig abgetrieben und die darauf stockende Masse in der bekannten Weise durch Wägung in Verbindung mit probeweiser Wasserkubierung ermittelt.

Bisweilen bieten die bei den forsttaxatorischen Arbeiten vorkommenden Aufhiebe von Gestellen und Wegen Gelegenheit, die Masse von Probeflächen auch in älteren Beständen mittels Kahlabtriebes (hier natürlich durch Aufarbeitung nach den Verkaufsmaßen oder durch Kubierung der einzelnen Stämme) zu ermitteln. Es ist aber darauf zu achten, daß hier nur Holz in Betracht kommt, welches wirklich auf der betr. Fläche stockte, und daß der Flächeninhalt richtig bestimmt wird. Erfahrungsgemäß werden gerade in letzterer Richtung häufig recht erhebliche Fehler gemacht, weil die Länge der Umfassungslinien und damit auch die Zahl der hierauf stockenden Stämme im Verhältnis zum Inhalt derartiger Probeflächen sehr groß wird.

Kurz ist noch des Probeflächenverfahrens von Zetzsche zu gedenken. Dieser schlägt wegen der Schwierigkeiten, mit denen die Auswahl und Absteckung der üblichen Probeflächen verbunden ist, vor, möglichst viele, aber kleine Probeflächen aufzunehmen, deren Aufsuchen und Auswahl keinen Zeitverlust verursacht.

Zu diesem Zwecke soll der Taxator mit einem leichten, etwa 2,5 m langen Stocke bewaffnet den Bestand durchwandern und in möglichst gleichen Abständen von 25—50 Schritt Probeflächen in Kreisform mit Hilfe dieses Stockes abstecken. Dieses geschieht dadurch, daß der Taxator von seinem Standpunkt aus einen Kreis von bestimmtem Radius, folglich auch bekanntem Flächeninhalt beschreibt; während des Bezeichnens des Kreisumfanges findet gleichzeitig die Aufnahme der Durchmesser aller auf der Fläche vorhandenen Stämme statt.

Eine Kreisfläche von 25 qm hat 2,82 m Radius, die Entfernung von der Mitte der Brust bis zur Hand beträgt bei wagerecht ausgestrecktem Arm für mittelgroße Menschen 0,80 m, um einen Radius von 2,82 m beschreiben zu können, braucht man also einen ohne Handgriff 2 m langen Stock. 100 derartige Probekreise entsprechen einer Probefläche von 0,25 ha.

In jedem fünften Kreise sollen auch einige Höhen gemessen werden.

Im günstigsten Falle kann man an einem Tage 800 solche Kreis-probeflächen aufnehmen.

Wenn die Auswahl der Kreise systematisch richtig erfolgt, so soll das Verfahren sehr gute Resultate liefern.

Wenn f die Größe der Probefläche, v die hierauf stockende Holz-masse, F und V die Fläche und Masse des ganzen Bestandes bezeich-nen, so findet man V aus der Proportion:

$$v : V = f : F,$$

$$V = v \, \frac{F}{f}.$$

§ 43. Über den Genauigkeitsgrad und die Anwendung der verschiedenen Methoden der Massenermittelung.

Hinsichtlich des Genauigkeitsgrades, welcher sich bei Anwendung der verschiedenen Methoden der Massenermittelung erreichen läßt, sind mehrfache Untersuchungen angestellt worden, in neuester Zeit von Flury und Boehmerle.

Die Grenzen der Fehlerprozente, gegenüber den Ergebnissen des Kahlabtriebes mit sektionsweiser Kubierung, sind für die Ermitte-lung des Derbholzes nach diesen Untersuchungen bei:

	Boehmerle:		Flury:	
Mittelstamm	+ 3,7	— 0,8	+ 22,1	— 15,8
Probestammklassen mit belie-biger Abgrenzung	+ 1,6	+ 0,6	—	—
Draudt, mit 10 % Probestämme	+ 2,7	— 1,6	—	—
Draudt, mit 15 % Probestämme	+ 0,3	— 3,8	—	—
Urich, mit 5 Stammklassen à 3 Probestämme	+ 4,2	— 3,6	+ 12,6	— 5,8
Robert Hartig	+ 2,6	— 2,7	+ 8,2	— 3,0
Massenkurven	+ 5,1	— 0,2	—	—
Massentafeln, bayrische	—	—	+ 10,0	— 3,5
Massent. d. forstl. Vers.-Anst. .	+ 3,2	— 6,9	+ 12,3	— 2,3
Formhöhe	+ 4,7	—	+ 19,0	— 4,1
Probefläche zu 0,4 ha Größe ..	+ 18,5	— 0,8	—	—

Zu berücksichtigen ist in vorstehender Zusammenstellung der Umstand, daß bei Flury die Fehlergrenzen durchweg erheblich weiter sind, als bei Boehmerle, was wohl hauptsächlich durch die weniger regelmäßige Beschaffenheit der von ersterem untersuchten Bestände veranlaßt sein dürfte.

Bemerkenswert erscheint dann vor allem das auffallend schlechte Ergebnis, welches die Probeflächen in der Versuchsreihe von Boehmerle geliefert haben, dieses spricht jedenfalls sehr zu Ungunsten dieser Methode.

Das Verfahren des Bestandesmittelstammes muß trotz der günstigen Erfahrungen von Boehmerle mit Rücksicht auf die mangelhaften Ergebnisse anderweitiger Untersuchungen als wenig empfehlenswert bezeichnet werden.

Die Unterschiede zwischen den Ergebnissen der übrigen Verfahren sind innerhalb jeder der beiden Versuchsreihen unbedeutend und können keinenfalls einen entschiedenen Ausschlag zu Gunsten des einen oder anderen Verfahrens geben. Persönliche Vorliebe und die sonstigen Verhältnisse werden daher stets die Wahl bestimmen. Zu beachten bleibt ferner der Umstand, daß die Ergebnisse der Massentafeln hinter jenen der Probestämme keineswegs zurückstehen.

Im allgemeinen scheinen fast alle Verfahren etwas zu hohe Resultate zu liefern, was bei den Probestammverfahren wohl darauf zurückzuführen ist, daß man unwillkürlich stets die besseren Stämme bei der Auswahl bevorzugt.

Die Ergebnisse der wirklichen Aufarbeitung und Aufmessung nach den in der Praxis üblichen Verfahren stimmen jedoch nur ausnahmsweise mit jenen der Massenermittelung nach den geschilderten Methoden überein, sondern bleiben der Regel nach nicht unerheblich hinter letzterer zurück. Der Unterschied kann im Durchschnitt zu 10% angenommen werden und beträgt nach den Ermittelungen von Flury (a. a. O.) bei Fichten- und Tannen-Beständen 7—11%, bei Kiefer und Buche 12—15%.

Die Ursache dieser Differenz liegt aber nicht an der Unzulänglichkeit der Methoden der Massenermittelung stehender Bestände, wie ja auch durch den Vergleich mit den Ergebnissen sektionsweiser genauerer Vermessung nach dem Kahlabtrieb bewiesen ist, sondern in den Verhältnissen des Betriebes. Als die wichtigsten Gründe der Abweichung sind zu erwähnen: Abrundung der Durchmesser auf

volle Zentimeter unter Vernachlässigung der überschießenden Bruchteile, Abgrenzung von Derbholz und Reisig nach den örtlichen Ver-
kaufssortimenten, nicht genau nach der Grenze von 7 cm, Berechnung der Derbholzmasse des in Raummaßen aufgeschichteten Holzes
nach durchschnittlichen Reduktionszahlen, welche von dem wirklichen
Inhalt stets mehr oder weniger abweichen, Kubierung des Nutz-
holzes nach Länge und Mittenstärke, abweichende Bemessung der
Stockhöhe, Rindenverlust, Verlust durch Hauspäne, Feierabendholz
und sonstige Verhältnisse.

Bezüglich der Anwendung der verschiedenen Methoden
der Massenermittelung läßt sich zusammenfassend folgendes
bemerken:

In den meist regelmäßigen Beständen Mitteleuropas tritt für
die gewöhnlichen taxatorischen Arbeiten die Massenermittelung unter
Benutzung gefällter Probestämme immer mehr zurück, da durch die
Arbeiten der forstlichen Versuchsanstalten Massentafeln und Bestandesformzahlen für die wichtigsten Holzarten auf Grund sorgfältiger Erhebungen geliefert worden sind und gleichzeitig auch die
nun in allen größeren Forsthaushalten eingeführte, geordnete Buchführung durch die tatsächlichen Hiebsergebnisse der abgetriebenen
Bestände und Durchforstungen wertvolles Material für die Schätzung
der gleichwertigen stehenden Bestände und zu erwartenden Zwischen-
nutzungen liefert.

Die Berechnung unter Anwendung der Bestandesformzahlen oder der Massentafeln, sowie Schätzung
unter Anlehnung an die bisherigen Hiebsergebnisse sind
die gebräuchlichsten Methoden der Massenermittelung, welche
um so mehr als zulässig und zweckmäßig anerkannt werden müssen,
als die in kurzen Zwischenräumen wiederkehrenden Taxations-Re-
visionen genügende Sicherheit gegen schädliche Einflüsse etwa vor-
gekommener Fehler auf den Gang des Betriebes bieten.

Dagegen muß auf Grund der vorliegenden Untersuchungen auch
für diese Zwecke vor der Benutzung kleiner Probeflächen, namentlich bei ungenügender Anzahl der Probestämme gewarnt werden.

Die Probestammverfahren in ihrer verschiedenen Ausbildung
finden da Anwendung, wo die eben besprochenen Methoden nicht
ausreichen.   Dieses ist besonders der Fall: 1. Bei wissenschaftlichen Untersuchungen, namentlich bei solchen, bei denen es darauf
ankommt, die Größe und die Veränderung der konkreten Form-

zahl des betr. Bestandes festzustellen, wenn also die Durchschnitts=
werte der Massentafeln nicht genügen, sowie da, wo die Höhe und
der Höhenzuwachs genauer ermittelt werden müssen, als es durch
Messung im Stehen möglich ist. 2. Bei Holzarten, für welche ge=
nügende Formzahluntersuchungen noch nicht vorliegen. 3. In Be=
standesformen, welche von dem regelmäßigen Charakter unserer
mitteleuropäischen Hochwälder mehr oder minder abweichen. 4.
Wenn die Aufgabe vorliegt, nicht nur die Masse eines Bestandes,
sondern auch deren wahrscheinliche Verteilung nach Sortimenten
kennen zu lernen ohne daß hierfür Erfahrungszahlen aus ähn=
lichen Beständen vorliegen.

Der Kahlabtrieb von kleineren Probeflächen in Verbindung mit
Massenermittelung auf physikalischem Wege hat da Platz zu greifen,
wo es sich um die Feststellung der Masse von Reiserholzbeständen
handelt, also namentlich in Niederwaldungen.

V. Ermittelung des Alters.

§ 44. Einleitung.

Für viele Fragen der Praxis und Wissenschaft ist es von Wich=
tigkeit, die Beziehungen zwischen der Holzmasse und dem Zeit=
raume festzustellen, innerhalb dessen erstere erzeugt worden ist oder
erzeugt werden kann. Die Ermittelung dieses Zeitraumes bildet
daher ebenfalls eine Aufgabe der Holzmeßkunde. Sie wird gelöst
durch die Lehre von der Bestimmung des Alters der Bäume und
Bestände, welche gleichzeitig auch zeigt, in welcher Weise die Länge
eines beliebigen Zeitraumes der bereits zurückgelegten Lebensperiode
gemessen werden kann.

1. Ermittelung des Alters einzelner Bäume.

§ 45. Altersbestimmung am stehenden Stamme.

Unsere Waldbäume nehmen während jeder Vegetationsperiode
an Höhe, Stärke und damit auch an Masse zu. Der Beginn und der
Abschluß der Vegetationstätigkeit in den einzelnen Jahren kenn=
zeichnen sich auf dem Querschnitt durch die Grenzen der Jahres=
ringe, welche dadurch, allerdings bei den einzelnen Holzarten un=
gleich stark, sichtbar werden, daß die weiteren Zellen des Frühjahr=
holzes sich unmittelbar an die engeren des vorhergehenden Herbst=
holzes anschließen. Außerdem setzen mehrere Nadelhölzer, nament=

lich verschiedene Kiefernarten, weniger deutlich die Fichten und Tannen (dagegen gar nicht die Lärche) nur am Grunde des Jahres= triebes einen Astquirl an, so daß hier die Zahl der Vegetations= perioden bis zu einem gewissen Grad auch äußerlich kennbar wird.

Auf diese beiden anatomischen Eigenschaften gründen sich fast sämtliche Methoden der Altersbestimmung der Bäume.

1. Gutachtliche Schätzung. Da die Dimensionen der Wald= bäume durch die Vegetationstätigkeit alljährlich vergrößert werden, so kann man annehmen, daß unter sonst gleichen Umständen der höhere und stärkere Baum auch der ältere sein dürfte. Bei genügender Übung kann man sich einen annähernden Maßstab für die Größen= verhältnisse der verschiedenen Baumarten in den einzelnen Alters= stufen unter bestimmten Wachstumsbedingungen aneignen, so daß es möglich ist, hiernach das Alter eines Baumes innerhalb nicht allzu weiter Grenzen (10—20 Jahre) gutachtlich zu schätzen. Für alte Bäume, bei denen die Zunahme an Höhe und Stärke absolut und noch mehr relativ nur gering ist, werden die Resultate stets sehr ungenau.

Da die Entwickelung der Bäume, abgesehen von der Holzart, durch die Standortsverhältnisse, sowie durch wirtschaftliche Maß= regeln außerordentlich verschiedenartig gestaltet wird und es nicht möglich ist, sämtliche in Betracht kommende Momente vollständig zu berücksichtigen, wenn man nicht mit den örtlichen Verhältnissen genau bekannt ist, so wird die Bestimmung des Alters durch Schätzung immerhin nur einen geringen, für die meisten Zwecke ungenügenden Grad von Genauigkeit besitzen. Besonders unsicher ist deshalb die Schätzung des Alters einzelständig erwachsener Bäume (Park= bäume usw.).

2. Altersbestimmung nach der Zahl der Astquirle. Bei jenen Holzarten, welche regelmäßige Astquirle ansetzen, läßt sich deren Zahl, soweit die Äste noch vorhanden sind und von unten deutlich übersehen werden können, sehr gut zur Bestimmung des Alters des betreffenden Baumteiles (bei jungen Stämmen jenes des ganzen Baumes) benutzen. Wenn die Äste bereits abgefallen sind, bieten die bei der Überwallung entstehenden Astwülste noch längere Zeit gute Anhaltspunkte für die Altersbestimmung. Sind auch diese nicht mehr erkennbar, so kann man zu der von der Spitze nach abwärts zu ermittelten Zahl von Jahrestrieben noch gut= achtlich soviele Jahre hinzuzählen, als der Baum gebraucht haben

dürfte, um die Höhe zu erreichen, bis zu welcher die Zählung der Jahrestriebe möglich war.

3. **Altersbestimmung nach aktenmäßiger Überlieferung.** Die bei der forstwirtschaftlichen Buchführung gemachten Notizen über den Zeitpunkt der Begründung eines Bestandes bieten für das Alter des einzelnen Individuums keinen sicheren Anhaltspunkt, da dieses sowohl erheblich älter (Vorwuchs, Überhälter) als auch nicht unbeträchtlich jünger (Nachbesserung) sein kann als nach den Angaben über das Jahr der Kultur anzunehmen ist.

4. **Altersbestimmung mit Hilfe des Zuwachsbohrers.** Mittels dieses bereits früher besprochenen Instrumentes ist es möglich, zylindrische Späne von 7—15 cm Länge aus dem Holzkörper herauszubohren. Bei Stämmen, welche nicht stärker sind als die doppelte Spanlänge, kann man daher einen bis zum Kern reichenden Span erhalten, an diesem die Zahl der Jahresringe ablesen und braucht dann nur noch soviele Jahre hinzuzuzählen, als die Pflanze mutmaßlich bis zur Erreichung der Brusthöhe gebraucht haben dürfte.

Bei stärkeren Stämmen ist es nicht möglich bis zur Markröhre zu bohren, man ist in diesem Falle auf Schätzung der Jahresringe für das fehlende Stück angewiesen, was stets mißlich bleibt.

§ 50. Altersbestimmung am liegenden Stamme.

Das Zählen der Jahresringe am Stockabschnitte ist unter allen Umständen die beste Methode, das Alter eines Baumes zu bestimmen, doch ist dieses nicht immer leicht, und können hierbei aus verschiedenen Ursachen Fehler unterlaufen.

Am einfachsten ist das Zählen bei den ringporigen Laubhölzern, sowie bei jenen Nadelhölzern, welche ein dunkler gefärbtes Herbstholz besitzen. Bei den zerstreutporigen Hölzern lassen sich die Jahresringe schwerer unterscheiden, namentlich wenn in diesen selbst noch „Scheinringe" vorkommen so bei Hainbuche, Birke und Erle. Die Scheinringe reichen zwar nicht um die ganze Peripherie, erschweren aber doch unter Umständen die Arbeit ganz gewaltig, weil sie häufig von den eigentlichen Herbstholzschichten kaum zu unterscheiden sind, und das Verfolgen ihres Verlaufes sehr mühsam ist. Wenn durch abnorme Trockenheit oder Insektenfraß die Tätigkeit der Vegetation im Vorsommer vorübergehend unterbrochen wird, so können nach Wiederbelebung des Wachstums Erscheinungen eintreten, die zur

Verwechslung mit Jahrringsbildungen Anlaß geben (Doppel-ringe). Die Bildung vollständig geschlossener Doppelringe wird aber bestritten. Bei unterdrückten Stämmen ist bisweilen der Jahres-ring nicht in der ganzen Peripherie gleichmäßig ausgebildet, man muß daher hier an verschiedenen Radien die Zahl der Jahresringe bestimmen und das Maximum der Altersbestimmung zugrunde legen. Unter Umständen kann der Zuwachs in den untersten Stammteilen ganz aussetzen. Zur Altersbestimmung eines Bestandes darf man aus diesem Grunde stets nur Stämme der herrschenden Klassen benutzen.

Wo die Zählung der Jahresringe nicht ohne weiteres möglich ist, bieten: Glätten, eventuell sogar Polieren des Abschnittes, ferner schräge Schnitte, um größere Flächen zu gewinnen, sowie die Lupe, unter Umständen selbst das Mikroskop die nötige Unterstützung. Bei Weichhölzern treten häufig die Grenzen der Jahresringe nach dem Verkohlen deutlicher hervor. Die sonst soviel empfohlenen Färbe-mittel, wie: Dammerde, Indigolösung, Tinte, Berliner Blau usw. versagen nach meiner umfangreichen Erfahrung in wirklich schwie-rigen Fällen stets den Dienst, weil eben hier die Zellen zu klein sind, um diese fein verteilten Stoffe in genügender Menge aufnehmen zu können; in leichteren Fällen sind sie ohnehin nicht nötig.

Wenn man die Jahresringe lediglich für die Zwecke der Alters-bestimmung zählt, so sucht man natürlich die Stellen aus, wo die Ringe am breitesten sind und wechselt hierbei nach Bedarf den Radius. Um Irrungen zu vermeiden, markiert man je zehn ab-gezählte Ringe durch einen Bleistiftstrich.

Durch die Zählung der Jahresringe an irgend einem Stamm-abschnitte erhält man stets die Zahl der Jahre, welche der Baum gebraucht hat, um den oberhalb des Abschnittes gelegenen Teil zu bauen.

Werden die Jahresringe am Stammabschnitte gezählt, so muß man daher, um das ganze Alter des Baumes zu erhalten, noch so viele Jahre hinzurechnen, als die Pflanze gebraucht hat, um die Stockhöhe zu erreichen.

Da hierbei immer noch Fehler möglich sind, so hat Karl fol-gende Methode zur genauen Altersbestimmung empfohlen:

Man lasse den Stock des Baumes auf die Abhiebsfläche stellen und von oben herunter so spalten, daß, wenn möglich, die Markröhre der jungen Pflanzen in die Spaltfläche des einen oder anderen Stückes zu liegen kommt. Indessen ist ein genaues Zusammentreffen der Markröhre nicht unbedingt notwendig, sondern es genügt schon eine Annäherung hieran. Hierauf wird mit einem schneidenden Inftrumente (Hohleifen, Reißhaken) von der Abschnittsfläche des Stockes gegen den Wurzelknoten hin, so viel Holz weggehauen oder weggestoßen, daß die dadurch schief durchschnittenen Jahresringe leicht gezählt werden können.

Stämme, welche in früher Jugend längere Zeit im Druck ge= standen haben, wie z. B. Tannen bei natürlicher Verjüngung, zeigen auf dem Stockabschnitte im Innern eine Zone äußerst enger Jahres= ringe, welcher der Periode der Überschirmung entstammen; nach ausreichender Freistellung werden diese fast plötzlich breiter und haben von da ab eine normale Entwickelung. Durch das Zählen der Jahres= ringe in der angegebenen Weise erhält man das wirkliche oder phy= sische Alter solcher Bäume, dieses darf jedoch nicht für alle Zwecke, namentlich bei der Altersbestimmung der betr. Bestände, voll in Rechnung gesetzt werden, weil sich hierdurch bedenkliche Ungleich= heiten gegenüber solchen Beständen und auch einzelnen Stämmen ergeben würden, welche nicht durch Überschirmung gelitten haben. Man unterscheidet deshalb bei derartigen Stämmen neben dem phy= sischen Alter noch das wirtschaftliche Alter. Letzteres erhält man, indem statt der Jahre, welche der Stamm im Druck zugebracht hat, jener Zeitraum in Rechnung gezogen wird, welchen die Pflanze im freien Stande gebraucht hätte, um dieselbe Höhe und Stärke zu erreichen, welche sie zur Zeit der Freistellung hatte.

2. Ermittelung des Alters von Beständen.

§ 47. Bestimmung des Alters gleichaltriger Bestände.

Kann man annehmen, daß die Bestände gleichaltrig sind, was nur für Ausschlagswaldungen und innerhalb gewisser Grenzen bei künstlich begründeten Beständen, wenn die Kultur gut gelungen ist, seltener dagegen bei natürlich verjüngten Beständen (schöne Buchen= verjüngungen aus reichen Mastjahren!) zutrifft, so genügt die Fäl= lung eines einzigen oder doch weniger Stämme und die Zählung ihrer Jahresringe, um das Alter zu bestimmen. Selbstverständlich hat man hierbei sehr starke Exemplare (Vorwüchse und Überhälter), ebenso wie auffallend schwache (Nachbesserungen) zu vermeiden.

Man wird übrigens auch in Beständen, welche der obigen Vor= aussetzung entsprechen, niemals bei der Zählung der Jahresringe genau das gleiche Alter, sondern stets Schwankungen von zwei bis drei Jahren neben einzelnen auffallend abweichenden Individuen finden. Dieses kommt daher, daß die Entwickelung der Pflanzungen und Saaten keine mathematisch gleichmäßige ist, sondern daß stets einzelne Pflanzen rascher in die Höhe gehen als andere und folglich die Zahl der Jahresringe in Stockhöhe ungleich wird, außerdem sind selbst in den gelungensten Kulturen fast stets Nachbesserungen nötig, öfters werden auch die guten Vorwüchse belassen. In solchen Fällen wird das Alter in der Weise bestimmt, daß man die einzelnen abnormen Individuen außer Acht läßt und das Mittel aus den übrigen Zählungen als Alter des Bestandes betrachtet.

Bei den künstlich begründeten Beständen, sowie bei den Ausschlagswaldungen bieten übrigens auch die Akten, sowie bei jüngeren Beständen die Angaben der Forstbeamten und Holzhauer brauchbare Anhaltspunkte für die Altersbestimmung, für Buchen- und Eichenbestände kann man als solche häufig die Jahre mit besonders reichem Mastertrag benutzen.

§ 48. Bestimmung des Alters ungleichaltriger Bestände.

Aus vorstehendem ergibt sich, daß Gleichaltrigkeit im strengsten Sinne auch bei jenen Beständen nur im beschränkten Maße vorhanden ist, welche in der Praxis als gleichaltrig bezeichnet und behandelt werden.

Bei einem großen Teile der Bestände sind aber die Unterschiede zwischen dem Alter der verschiedenen Stämme noch bedeutender, als oben angegeben wurde, so daß es unzulässig erscheint, diese vollständig zu vernachlässigen und das an einem oder an wenigen Stämmen ermittelte Alter ohne weiteres als jenes des ganzen Bestandes zu betrachten. Der Grad der Altersverschiedenheit ist natürlich sehr wechselnd, je nachdem es sich um einen unregelmäßigen Blenderbestand oder um eine gut gelungene Verjüngung des Femelschlagbetriebes handelt.

Als das mittlere Alter eines ungleichaltrigen Bestandes bezeichnet Gustav Heyer jenen Zeitraum, welchen ein gleichaltriger Bestand unter den gleichen Verhältnissen gebraucht haben würde, um dieselbe Holzmasse zu erzeugen, welche der ungleichaltrige Bestand gegenwärtig besitzt.

Da in den Ertragstafeln die den einzelnen Altersstufen entsprechenden Massen gleichaltriger Bestände angegeben sind, so müßte man anscheinend auf Grund vorstehender Definition mit ihrer Hilfe leicht das mittlere Alter eines ungleichaltrigen Bestandes bestimmen können, wenn dessen Masse bekannt ist.

Um aber die Ertragstafeln anwenden zu können, ist auch noch die Kenntnis der Standortsgüte des ungleichaltrigen Bestandes erforderlich, welche nach den später folgenden Erörterungen durch die einem bestimmten Alter entsprechende Mittelhöhe charakterisiert wird, außerdem enthalten aber die Ertragstafeln nur die Masse normaler gleichaltriger Bestände, von welcher die konkrete Bestandesgüte meist mehr oder minder abweicht. Da die Abweichung, von der normalen Beschaffenheit bei Beständen mit erheblichen Altersunterschieden, für welche diese Methode am meisten in Betracht käme, mit Sicherheit überhaupt nicht festzustellen ist, eignen sich die Ertragstafeln nicht zur Altersbestimmung in derartigen Fällen.

Smalian (1840) und Carl Heyer (1841) haben vorgeschlagen, das mittlere Massenalter zu berechnen.

Der Durchschnittszuwachs Θ eines Bestandes ist nämlich gleich der Masse geteilt durch dessen Alter:

$$\Theta = \frac{V}{A}$$

folglich ist auch $\qquad\qquad A = \frac{V}{\Theta}$ \hfill 1)

Nimmt man an, daß ein ungleichaltriger Bestand aus drei getrennten Altersklassen besteht, so sind die betr. Durchschnittszuwachse:

$$\Theta_1 = \frac{V_1}{A_1}; \; \Theta_2 = \frac{V_2}{A_2}; \; \Theta_3 = \frac{V_3}{A_3} \cdots$$

Bezeichnet Θ den gesamten Durchschnittszuwachs des ungleichaltrigen Bestandes und ist dieser eben so groß als die Summe der Durchschnittszuwachse der einzelnen Altersklassen, also:

$$\Theta = \Theta_1 + \Theta_2 + \Theta_3 + \cdots$$

so erhält man hieraus und aus der oben gemachten Voraussetzung, daß der ungleichaltrige Bestand dieselbe Masse haben soll, wie der korrespondierende gleichaltrige, in einfacher Weise das Alter des ersteren, indem man für den Durchschnittszuwachs Θ die Quotienten aus den entsprechenden Massen und Altern einsetzt:

$$\frac{V}{A} = \frac{V_1}{A_1} + \frac{V_2}{A_2} + \frac{V_3 + \cdots}{A_3 + \cdots}$$

und demnach $\qquad A = \dfrac{V_1 + V_2 + V_3 + \cdots}{\dfrac{V_1}{A_1} + \dfrac{V_2}{A_2} + \dfrac{V_3}{A_3} + \cdots}$ \hfill 2)

Man findet also hiernach das mittlere Alter eines ungleichaltrigen Bestandes, wenn man dessen Masse durch die Summe der Durchschnittszuwachse seiner Altersklassen dividiert.

Da die Masse eines Bestandes auch als das Produkt aus Fläche in Alter und Durchschnittszuwachs je Hektar betrachtet werden kann, so läßt sich obige Formel nach Gustav Heyer auch wie folgt schreiben:

$$A = \frac{F_1\Theta_1A_1 + F_2\Theta_2A_2 + F_3\Theta_3A_3 + \cdots}{\dfrac{F_1\Theta_1A_1}{A_1} + \dfrac{F_2\Theta_2A_2}{A_2} + \dfrac{F_3\Theta_3A_3}{A_3}}$$

$$= \frac{F_1\Theta_1A_1 + F_2\Theta_2A_2 + F_3\Theta_3A_3 + \cdots}{F_1\Theta_1 + F_2\Theta_2 + F_3\Theta_3} \qquad 3)$$

Nimmt man an, daß $\Theta = \Theta_1 = \Theta_2 = \Theta_3 \cdots$, so geht Formel 3 über in den von Gümbel 1841 angegebenen Ausdruck:

$$A = \frac{F_1A_1 + F_2A_2 + F_3A_3 + \cdots}{F_1 + F_2 + F_3 + \cdots}$$

Diese Voraussetzung trifft jedoch nur zu, wenn die Altersunter= schiede nicht bedeutend sind, und die Alter selbst dem Zeitpunkt des größten Durchschnittszuwachses nahe stehen, da sich Θ in dieser Periode wenig ändert. Unter diesen Voraussetzungen wird man aber eine derartige Berechnung des durchschnittlichen Alters über= haupt nicht vornehmen.

Mit den Formeln 2 und 3 erhält man recht gute Resultate, letztere eignet sich jedoch nur dann zur Anwendung, wenn die Altersklassen flächenweise getrennt vorkommen, während erstere auch bei be= liebiger Mischung anwendbar ist. Die Massenermittelung muß in diesem Fall so ausgeführt werden, daß man die Masse der einzelnen für die Rechnung zugrunde gelegten Stärkeklassen (ev. Höhen= und Stärkeklassen) gesondert erhält. Man nimmt alsdann an, daß die stärkeren und höheren Klassen gleichzeitig auch die älteren sind, was nach allen bisherigen Untersuchungen in der großen Mehrzahl auch zutrifft.

Die beiden Formeln von Carl und Gustav Heyer eignen sich trotz ihrer Richtigkeit deshalb wenig für den praktischen Gebrauch, weil sie die Kenntnis der Massen und die Formel 3 auch jene der betreffenden Flächen voraussetzt, wodurch das ganze Verfahren sehr umständlich wird. Man bestimmt deshalb nicht nur für die taxato= rischen Arbeiten, sondern auch für die meisten wissenschaftlichen

Untersuchungen das mittlere Bestandesalter aus dem Mittel der an den Probestämmen oder an frischen Stockabschnitten festgestellten Alter.

Nach speziellen Ermittelungen der sächsischen und württembergischen Versuchsanstalten geben diese Resultate bei Benutzung einer größeren Anzahl von Probestämmen gegenüber dem mittleren Massenalter nur sehr geringe Unterschiede.

Bei wiederholten Aufnahmen desselben Bestandes werden zweckmäßig sämtliche bisher gefällte Probestämme unter Berücksichtigung des zwischen den verschiedenen Aufnahmen verflossenen Zeitraumes zur Ermittelung des Alters nach dem rechnerischen Durchschnitt benutzt. Nach der zweiten oder gar dritten Aufnahme kommen dann Unterschiede kaum noch vor und betragen diese höchstens 1—2 Jahre.

Bei der nach einem kürzeren Zeitraum wiederholten Aufnahme ungleichaltriger Bestände zeigt es sich, daß der rechnungsmäßige Unterschied in den Altern meist nicht dem faktischen Zwischenraume zwischen den beiden Aufnahmen entspricht, sondern in der überwiegenden Mehrzahl der Fälle größer ist. Dieses relative Alterwerden der Bestände rührt daher, daß bei den Durchforstungen vorwiegend die schwächsten und damit auch der Regel nach die jüngsten Individuen oder wenigstens solche, deren Jahresringe sehr schwer zu zählen sind, weggenommen werden, so daß bei den späteren Aufnahmen verhältnismäßig immer mehr nur die stärksten und ältesten Stämme vorhanden sind. Um diesen Mißstand zu vermeiden, hat Lorey vorgeschlagen, in derartigen Beständen vom stärkeren Stangenholzalter an nur die stärksten Stammklassen, welche voraussichtlich den künftigen Haubarkeitsbestand bilden werden, zur Altersbestimmung heranzuziehen.

Diese Berechnungsweise weicht allerdings von der oben angegebenen Definition des Alters ungleichaltriger Bestände ab, ist aber begründet durch den ganz überwiegenden Anteil, welchen die stärkeren Stammklassen an der Gesamtmassenproduktion haben.

VI. Ermittelung des Zuwachses.

§ 49. Begriff und Arten des Zuwachses.

Während jeder Vegetationsperiode erfahren die verschiedenen Dimensionen eines Baumes eine Vergrößerung, welche sich als Verlängerung der Schaftachse (Höhenzuwachs), und als Zunahme der Durchmesser (Stärkezuwachs und Flächenzuwachs) dem Beobachter darstellt, sowie durch geeignete Instrumente gemessen werden kann.

Höhenzuwachs und Flächenzuwachs zusammen bedingen eine Vermehrung des Volumens (Massenzuwachs), welche einen den vorjährigen Baumschaft umgebenden und organisch mit ihm verbundenen Hohlkegel darstellt.

Aus der Wachstumsleistung der Einzelstämme setzt sich der Zuwachs des Bestandes zusammen.

Je nach dem Zeitraum, während dessen der Zuwachs erfolgt, unterscheidet man:

1. jährlichen oder laufend=jährlichen Zuwachs, welcher sich auf ein bestimmtes Jahr bezieht;
2. periodischen Zuwachs, welcher innerhalb einer längeren oder kürzeren Reihe von Jahren erfolgt;
3. Gesamtalters=, totalen oder summarischen Zuwachs, welcher die ganze Wachstumsleistung von der Begründung eines Baumes oder Bestandes bis zu seinem gegenwärtigen Alter umfaßt;
4. durchschnittlich=jährlichen Zuwachs, welcher sich bei der Division des totalen Zuwachses durch das Alter des Baumes oder Bestandes ergibt. Bezieht sich der durchschnittlich=jährliche Zuwachs auf das Abtriebsalter, so bezeichnet man ihn als Haubarkeits=Durchschnittszuwachs;
5. periodischen Durchschnittszuwachs; dieser wird als Quotient bei der Division des periodischen Zuwachses durch die Anzahl der Jahre, welche die Periode umfaßt, gefunden.

Bei den meisten Untersuchungen wird der periodische Durchschnittszuwachs an Stelle des laufend=jährlichen in Betracht gezogen, weil letzterer sehr von Ernährungsverhältnissen, Witterung, Samenjahren, Insektenbeschädigungen, wirtschaftlichen Maßnahmen usw. abhängt und daher vielfach schwankt. Außerdem ist auch die Ermittelung des Zuwachses eines bestimmten Jahres in der Regel ziemlich schwierig.

Für die wirtschaftlichen Fragen bildet daher die durchschnittliche Wachstumsleistung einer Periode einen besseren Maßstab, als jene eines einzelnen Jahres.

Bei den Zuwachsuntersuchungen am Bestand ist zu berücksichtigen, daß fortwährend Stämme aus verschiedenen Ursachen aus ihm entfernt werden, welche jedoch bei Beurteilung der gesamten Wachstumsleistung mit in Betracht gezogen werden müssen.

Alle Untersuchungen, welche sich nicht bloß auf die Veränderung des verbleibenden Bestandes (früher Hauptbestand genannt) beziehen, insbesondere alle statischen Ermittelungen, müssen daher auch die Größe des ausscheidenden Bestandes (früher Neben- bestand genannt) berücksichtigen. Je intensiver die Bestandespflege geübt wird, desto größer ist der Anteil des ausscheidenden Bestandes an der gesamten Wachstumsleistung.

Die Ermittelungen bezüglich des Zuwachses können sich auf eine abgelaufene Zeitperiode (Zuwachsermittelungen nach rückwärts) oder auf die noch zu erwartenden Wachstumsleistungen (Zuwachs- ermittelung nach vorwärts) beziehen. Da sich erstere in der Haupt- sache mit gegebenen Größen beschäftigt, so ist ihr Genauigkeitsgrad erheblich größer, als jener der letzteren, welche sich auf dem Boden der Spekulation zu bewegen gezwungen ist.

Die Kenntnis der absoluten Größe des Zuwachses ist nicht für alle Zwecke ausreichend, sondern es ist oft nötig, auch seine relative Größe, d. h. das Verhältnis zwischen den vorhandenen Elementen und dem hieran erfolgenden Zuwachs, das Zuwachsprozent, zu ermitteln. Dieses wird auf die Einheit 100 und die Wachstums- leistung eines Jahres bezogen.

Die Betrachtung des Zuwachsprozentes an und für sich gewährt nur einen Einblick in die Energie des Wachstums, nicht aber ein Bild von dessen Leistung.

§ 50. Der Gang des laufend-jährlichen und des durch- schnittlichen Zuwachses im allgemeinen.

Der Gang des laufend-jährlichen Zuwachses ist sehr verschieden, je nachdem die Masse des ganzen Bestandes oder bestimmter Baum- gruppen oder nur eines Einzelstammes in Betracht kommt, ferner verläuft er anders für die Masse, als für deren einzelne Faktoren: Höhe, Durchmesser und Kreisfläche. Holzart, Standort und wirt- schaftliche Behandlungsweise sind hierfür in erster Linie von Be- deutung.

Trotz dieser Verschiedenheiten, deren nähere Untersuchung nicht in das Gebiet der Holzmeßkunde, sondern in jenes der Zuwachslehre ge- hört, gilt doch für alle Arten des laufend-jährlichen Zuwachses auch das zuerst von Sachs ausgesprochene Gesetz der großen Periode.

Er ist stets in den ersten Lebensjahren sehr gering, steigt dann ziemlich rasch an, erreicht ein Maximum und fällt wieder.

Pfeffer sagt über diesen Verlauf: Jede Zelle und jedes Zellenstück, jedes Organ, sowie die ganze Pflanze durchlaufen aus inneren Ursachen einen spezifischen Entwickelungsgang (Ontogenese), die „Entwickelungsperiode" oder „große Periode" schnell oder langsam. In dieser Entwickelungsperiode, die einen Anfang und ein Ende hat, wird naturgemäß die Tätigkeit in irgend einer Phase ein Maximum erreichen, gleichviel ob die Kurve sekundäre Maxima aufzuweisen hat oder nicht.

Der Durchschnittszuwachs ist anfangs kleiner als der laufend-jährliche, steigt langsamer und nimmt später ebenfalls ab. Der

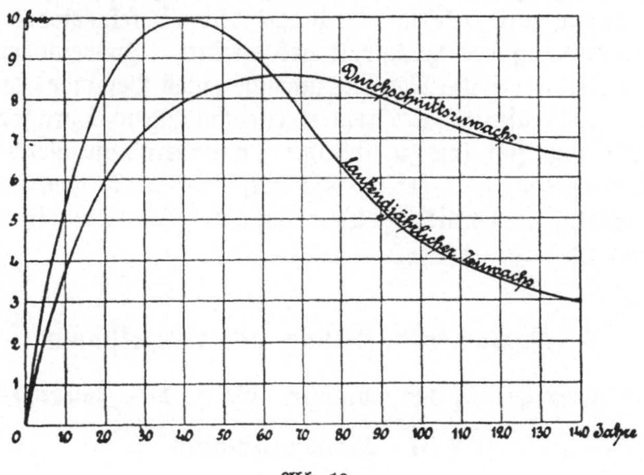

Abb. 18.

Zeitpunkt des Eintrittes seines Maximums ergibt sich aus folgender Betrachtung:

Nennt man die laufend-jährlichen z_1, z_2 ... und die durchschnittlich-jährlichen Zuwachse ϑ_1, ϑ_2 ..., so ist der laufend-jährliche Zuwachs des Jahres $n + 1$:

$$z_{n+1} = (n + 1)\,\vartheta_{n+1} - n\vartheta_n \text{ oder}$$
$$z_{n+1} = n\vartheta_{n+1} + \vartheta_{n+1} - n\vartheta_n$$
$$z_{n+1} - \vartheta_{n+1} = n\,(\vartheta_{n+1} - \vartheta_n).$$

Hieraus folgt, daß für $\vartheta_{n+1} \gtrless \vartheta_n$ auch $z_{n+1} \gtrless \vartheta_{n+1}$ sein muß.

Vorstehender Beweis rührt von G. Heyer (Waldertrags-Regelung, 3. Aufl., S. 24) her, einen anderen, sehr viel umständlicheren, hat Jäger in der Allgemeinen Forst- und Jagdzeitung 1841, S. 177 gegeben; endlich hat auch Lehr einen Beweis für den Zeitpunkt der Kulmination des Durchschnittszuwachses in der Allgemeinen Forst- und Jagdzeitung 1870, S. 482 geführt.

7*

Der Durchschnittszuwachs erreicht demnach dann sein Maximum, wenn er gleich dem laufend-jährlichen wird. Dieses findet erst statt, wenn der laufend-jährliche Zuwachs bereits im Abnehmen ist, die Kulmination des Durchschnittszuwachses tritt also später ein als jene des laufend-jährlichen (Abbildung 18).

Vor seiner Kulmination ist der Durchschnittszuwachs kleiner, nachher größer als der laufend-jährliche Zuwachs.

Theoretisch kann die Kulmination nur in einem einzigen Jahre, oder richtiger sogar nur während eines kleinen Zeitteilchens erfolgen. Die genauen Untersuchungen haben jedoch ergeben, daß innerhalb der Grenzen, mit welchen die Praxis rechnet, keineswegs eine so rasche Änderung des Höchstbetrages eintritt. Insbesondere kann der durchschnittliche Massen-Zuwachs eines Bestandes durch geeignete wirtschaftliche Maßregeln (zweckmäßigen Durchforstungsbetrieb!) lange Zeit (bis zu 40 Jahren) annähernd auf gleicher Höhe erhalten werden, was bei Lösung verschiedener Fragen der forstlichen Statik, namentlich bei Bemessung der Umtriebszeit, wohl zu beachten ist.

I. Zuwachsermittelung am Einzelstamm.

1. Ermittelung der absoluten Größe des Zuwachses.

§ 51. Höhenzuwachs.

Am stehenden Stamm kann der Höhenzuwachs nur bei jenen Nadelhölzern gemessen werden, welche deutliche Astquirle bilden und soweit diese oder die Astwulste noch sichtbar sind.

In weitaus den meisten Fällen müssen aber die Untersuchungen über den Höhenzuwachs am liegenden Stamm ausgeführt werden.

Wenn es sich nun darum handelt, zu ermitteln, wie groß der Höhenzuwachs während der letzten kurzen, etwa n Jahre umfassenden, Periode gewesen ist, so geschieht dieses bei den Nadelhölzern, welche deutliche Astquirle zeigen, einfach durch Abzählen der letzteren von der Spitze her und Messung der Länge des betr. Stammteiles.

Bei den übrigen Holzarten sucht man jenen Punkt der Stammachse auf, an welchem sich die Spitze des Stammes vor n Jahren befunden haben dürfte, und an welcher, wie früher angegeben, infolgedessen n Jahresringe vorhanden sein müssen. Hier durchschneidet man den Stamm und ermittelt die Zahl der Jahresringe, ift diese größer oder kleiner als n, so wiederholt man diese Operation im erften Fall weiter oben, im zweiten weiter unten, bis man die Stelle gefunden hat, wo oben noch n, unterhalb aber bereits n + 1 Jahresringe vorhanden sind. Die Länge des Stückes von diesem Querschnitt bis zur Spitze ift der Höhenzuwachs während der letzten n Jahre.

Einen vollftändigen Überblick über den Höhenwachstumsgang eines Baumes während feines ganzen Lebens und damit auch für jede beliebige Periode erhält man (von ganz jungen, quirlbildenden Nadelhölzern abgefehen) nur durch die Höhenanalyfe. Diefe bildet gleichzeitig einen Teil der Stammanalyfe, mittels welcher die einzelnen form= und inhaltsbildenden Elemente eines Baumes für fämtliche Lebensjahre beftimmt werden.

Um zu ermitteln, in welchem Abftand über dem Boden fich in jedem Jahre die Spitze des Baumes befunden hat, ift vor allem die Kenntnis des Baumalters a erforderlich. Zeigt ein Querschnitt in m Höhe über dem Boden noch i Jahresringe, so gehört nach früherem die oberhalb diefes Abfchnittes liegende Höhe den letzten i Jahren als Wachstumsleiftung an, folglich hat der Stamm a—i Jahre ge= braucht, um die Höhe von m Metern zu erreichen.

Wenn man den Stamm in Sektionen von 1 oder (meift) 2 m Länge zerlegt und sowohl am Stockabschnitt als auch auf dem oberen Ende jeder Sektion die Jahresringe zählt, so kann man hiernach leicht berechnen, in welchem Alter der Stamm die jedem Querschnitt entsprechende Höhe befeffen hat.

Für die meiften Fälle lautet aber die Frage: Wie hoch ift der Stamm in einem gewiffen Alter gewefen?

Diefer läßt fich durch graphifche oder rechnerifche Interpolation aus den vorher gewonnenen Daten beantworten.

Will man rechnerifch interpolieren, so fucht man die Sektion auf, in welche die Spitze des betr. Altersjahres fällt, dann beftimmt man die Differenz der Jahresringzahlen der beiden die Sektion be= grenzenden Querschnitte und erhält dadurch die Zeit, welche zur Bildung der zwischenliegenden Länge erforderlich war. Der Quo= tient aus Länge der Sektion durch die Zahl der zugehörigen Jahre gibt das während der betr. Intervalls erfolgte Jahreslängenwachs= tum. Diefes wird so oft der bei Beginn des betr. Zeitabschnittes vorhandenen Höhe zugezählt, als der feitdem verfloffenen Anzahl Jahre entfpricht.

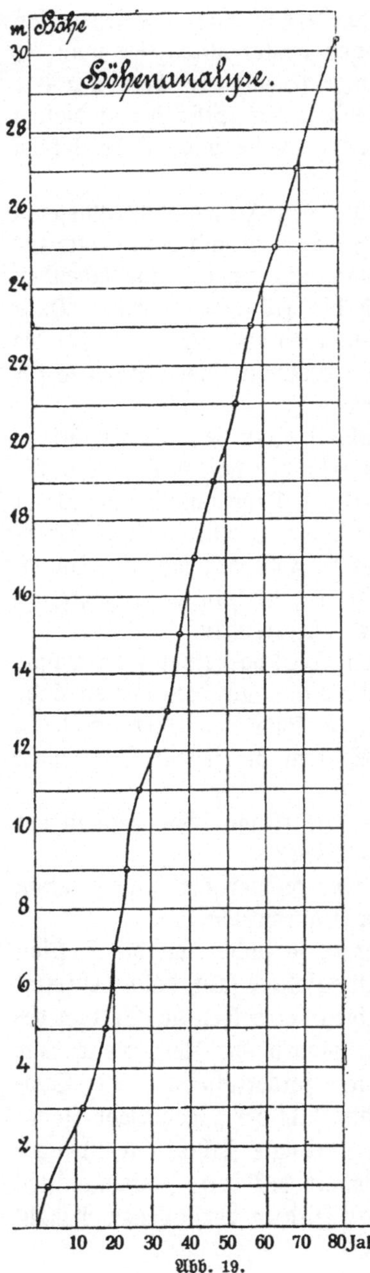

Abb. 19.

Im allgemeinen wird jedoch die graphische Interpolation bessere Resultate liefern, weil die Annahme einer von Jahr zu Jahr gleichbleibenden Höhenzunahme selbst für kleine Zeitintervalle nicht zutrifft.

Bei der graphischen Interpolation trägt man das Alter der Querflächen als Abszissen und die zugehörigen Höhen als Ordinaten auf. Durch Verbindung der Endpunkte der letzteren entsteht eine gebrochene Linie, welche die Höhenentwickelung des Baumes darstellt. Wandelt man diese gebrochene Linie in eine stetig verlaufende Kurve um, so kann man nunmehr die Höhe des Baumes für jedes beliebige Alter als Ordinate ablesen (Abbildung 19).

Bei der Höhenanalyse entstehen kleine Ungenauigkeiten dadurch, daß die Querschnitte meist nicht genau an der Grenze der einzelnen Jahreshöhentriebe, sondern zwischen diesen zu liegen kommen, weshalb die Höhe für das betr. Alter etwas zu groß erhalten wird, ein Fehler, welcher im ungünstigsten Falle nahezu die Länge des ganzen Jahrestriebes ausmacht. Vollständig beseitigen läßt er sich nur dann, wenn man nicht nur den Höhenzuwachsgang, sondern auch das Ergebnis der Stammanalyse (letztere als Durchschnitt einer vertikalen Ebene gedacht, welche durch die Achse gelegt

wurde) aufträgt, indem sich beide Zeichnungen gegenseitig kontrollieren und ergänzen (vergl. Abbildung 20 auf S. 112).

Bei der Zuwachsschätzung nach vorwärts ist zu beachten, daß
das Maximum des laufend-jährlichen Höhenzuwachses sehr frühzeitig eintritt (Kiefer und Lärche im 10.—15. Jahr, Fichte im

Beispiel einer Höhenanalyse.

Oberförsterei: Tzullkinnen.　　Holzart: Fichte.　　Stamm: Nr. 1.

Höhe des Abschnittes	Zahl der Jahresringe	Der Stamm erreichte die Höhe des Querschnittes in Jahren	Der Stamm war hoch	
m			im Alter von Jahren	m
Stock	80	0 (2)[1]	10	2,5
1	77	3	20	6,3
3	68	12	30	11,9
5	62	18	40	16,0
7	59	21	50	20,0
9	56	24	60	24,2
11	52	28	70	27,2
13	45	35	80	30,3
15	42	38		
17	27	43		
19	33	47		
21	27	53		
23	23	57		
25	17	63		
26,5	11	69		
30,3	0	80		

15.—25. und Tanne sowie Buche im 25.—30. Jahr), von da sehr
rasch herabsinkt und alsdann im Mannbarkeitsalter auf einem Betrag von etwa 10—15 cm längere Zeit verharrt, bis schließlich die
Zunahme in den höchsten Lebensaltern nur noch eine äußerst geringe wird. Man wird also, von der frühesten Periode abgesehen,
im allgemeinen für die nächste Zeit keine Zunahme und selbst nicht
einmal ein Gleichbleiben des bisherigen Höhenzuwachses, sondern

---

[1] Bei den Höhenanalysen bleibt das Stück unterhalb des Stockabschnittes
zunächst außer Betracht und wird erst zum Schluß, wenn es der Zweck der Arbeit
erfordert, die Zahl von Jahren noch hinzugerechnet, welche der Stamm gebraucht
hat, um die Stockhöhe zu erreichen.

in der Regel eine Abnahme in Rechnung zu setzen haben, wobei der Gang des Wachstumes in den letzten Jahren einen guten Anhaltspunkt gewährt. Relativ am sichersten läßt sich die Zunahme der Höhe für die nächste, nicht allzu lange (etwa 10-jährige) Lebensperiode durch Verlängerung der in der oben angegebenen Weise konstruierten Höhenkurve unter Berücksichtigung der Tendenz ihres Verlaufes während der letzten Jahre schätzen.

R. Weber[1]) und nach ihm noch andere (Urstadt, Glaser) haben den Versuch gemacht, für den Gang des Höhenzuwachses sowohl als auch für jenen der übrigen Arten des Zuwachses Gesetze in Form mathematischer Formeln aufzustellen. Ihre Richtigkeit wird jedoch vielfach bestritten, praktische Bedeutung haben sie bisher nicht zu erringen vermocht.

§ 52. Stärkezuwachs.

Die Messung des Stärke= und Flächenzuwachses bezieht sich meist nur auf den Holzkörper ohne Rinde, bloß bei Zuwachsuntersuchungen durch wiederholte Aufnahme stehender Stämme mittels der Kluppe wird die Zunahme der ganzen Querfläche, also von Holz und Rinde gleichzeitig erhoben.

Die Möglichkeit der Messung des Stärkezuwachses ist durch die Bildung der Jahresringe bedingt, welche die Zunahme des Durchmessers während jedes einzelnen Jahres genau feststellen läßt. Da die Breite der Jahresringe in den seltensten Fällen auf demselben Querschnitt im ganzen Umfang gleich groß ist, so darf man sich nicht damit begnügen, den Stärkezuwachs an einer einzigen Stelle zu messen, sondern muß diese Operation an mehreren (mindestens an zwei einander gegenübergelegenen) Stellen vornehmen und aus den Ergebnissen das Mittel berechnen.

Bei der Messung des Stärkezuwachses kommen die gleichen Verhältnisse in Betracht, welche oben (S. 90) bezüglich des leichteren oder schwereren Erkennens der Jahresringgrenzen angegeben worden sind und müssen dieselben Mittel, wie dort, angewendet werden, um letztere sichtbar zu machen.

Das Messen des Stärkezuwachses am stehenden Baume kann durch Kluppen auf der Rinde erfolgen, in den meisten Fällen wird mittels der Preßlerschen Zuwachsbohrer ein Bohrspan herausgeholt, auf welchem die Messung des Stärkezuwachses mittels eines in Millimeter geteilten Maßstabes (am einfachsten unter Anwendung

---

[1]) R. Weber, Lehrbuch der Forsteinrichtung, Berlin 1901, und zwar besonders im dritten Abschnitte: Die Lehre vom Holz-Zuwachs.

des auf der Klemmnadel befindlichen) vorgenommen wird. Die Länge der Periode, für welche die Bestimmung des Stärkezuwachses möglich ist, hängt einerseits ab von der Länge des Spanes, welcher erbohrt werden kann (in der Regel 6—7 cm, ausnahmsweise bis zu 10 und selbst 15 cm Tiefe), und andererseits von der Energie des Wachstumes, da natürlich mit dem gleich langen Span bei raschem Wachstum weniger Jahresringe getroffen werden als bei langsamem.

Zur direkten Messung des Zuwachses am stehenden Stamm sind für wissenschaftliche Untersuchungen verschiedene Apparate konstruiert worden, die meistens am Stamm dauernd befestigt werden. Hierher gehören u. a. namentlich der Zuwachsautograph von Friedrich.

Viel eingehender kann die Messung der Jahresringsbreiten während bestimmter Perioden am liegenden Stamme auf recht-winkelig zur Stammachse geführten Schnittflächen oder bequemer auf etwa 5 cm dicken Scheiben, welche an den Meßstellen aus dem Stamme herausgeschnitten sind, ausgeführt werden.

Als Instrumente benutzt man hierbei am zweckmäßigsten die früher (S. 9) besprochenen Baurschen Zuwachsstäbe. Auch die Stau-dingersche Metallkluppe sowie der nach Prof. v. Guttenbergs Angaben konstruierte Stangenzirkel oder beim Fehlen solcher Hilfs-mittel einfache prismatische Maßstäbe lassen sich hierzu verwenden.

Bei den Messungen behufs Ermittelung des Stärkezuwachses am liegenden Stamme muß die früher bereits besprochene Ab-weichung der Querflächen von der Kreisform berücksichtigt werden. Man wird sich deshalb, da derartige Untersuchungen stets einen größeren Genauigkeitsgrad erstreben, niemals mit der Messung eines einzigen Durchmessers begnügen, sondern meist die Größe von zwei sich rechtwinkelig kreuzenden Durchmessern (des größten und kleinsten) bestimmen. Noch schärfere Resultate erhält man durch Messung einer größeren Anzahl symmetrisch gelegter Durchmesser, von denen sich je zwei rechtwinkelig kreuzen. Das Mittel aus den verschiedenen Ablesungen wird alsdann der weiteren Rechnung zu grunde gelegt.

Bei der Messung des Stärkezuwachses beschränkt man sich ent-weder auf die Ermittelung der Zunahme des Durchmessers während einer bestimmten Periode, oder man will den Gang des Stärke-wachstumes während des ganzen Lebens feststellen.

Im ersten Falle erhält man das gewünschte Resultat aus der Differenz der Durchmesser d und d' zu Anfang und zu Ende der

betr. Periode. Diese Untersuchung kann innerhalb der oben angegebenen Grenzen auch am stehenden Stamm vorgenommen werden.

Im zweiten Fall will man entweder wissen, welches war der
Durchmesser vor n, 2n, 3n ... Jahren oder wie groß war dieser
in bestimmten Altern, letzteres sind gewöhnlich Jahrzehnte (10, 20,
30 Jahre). Die hierzu nötigen Messungen können mit Ausnahme
ganz junger Stämme, bei welchen es möglich ist, bis zur Markröhre reichende Bohrspäne zu erhalten, nur an liegenden Stämmen
oder besser an Stammscheiben vorgenommen werden.

Bei diesen Messungen zieht man auf der betreffenden Stamm-
scheibe die erforderliche Anzahl von Durchmessern und zählt alsdann
im ersten Fall auf jedem Radius von außen nach innen die Anzahl
Jahresringe, welche der betr. Periode entspricht, so oft als nötig ist,
ab und markiert die Endpunkte der einzelnen Perioden durch einen
Bleistiftstrich. Im zweiten Falle zählt man von außen her zunächst
soviele Jahresringe ab, als die Differenz zwischen dem gegenwärtigen Alter (a) des Baumes und dem nächsten Lebensabschnitt (i)
beträgt, für welchen der Durchmesser bestimmt werden soll. Von
hier ab beginnt man mit der Zählung der Jahre der betr. Periode
wie im ersten Fall.

Da die Wachstumsleistung für den Zeitabschnitt (a—i) stets den
letzten Jahren angehört, so muß diese Anzahl Jahresringe auf sämtlichen Scheiben desselben Stammes, wenn solche aus verschiedenen Höhen zur Untersuchung gelangen, solange abgezählt werden,
als die Gesamtzahl der Jahresringe es gestattet.

Die Zahl der Perioden, für welche diese Messungen ausgeführt
werden können, nimmt von unten nach oben entsprechend der immer
geringer werdenden Anzahl von Jahresringen ab.

Man hat z. B. einen 67jährigen Stamm und will wissen, wie groß die Durchmesser in den Jahren 60, 50, 40, 30, 20, 10 gewesen sind, so zählt man zuerst
(a—i) = (67—60), d. h. 7 Jahre ab und erhält so die Marken für das Alter 60,
von hier ab werden alsdann immer je 10 Jahresringe weiter zurückgezählt.

Wenn die korrespondierenden Endpunkte der Durchmesser für
den Anfang der einzelnen Perioden bezeichnet sind, so kann deren
Messung mit Hilfe der oben angegebenen Instrumente unschwer
vorgenommen werden.

Bezüglich der Schätzung des Stärkezuwachses nach vorwärts
ist die Tendenz im Verlaufe der letzten Jahresringe zu beachten,
man muß jedoch dabei berücksichtigen, daß die Größe des Stärke-

zuwachses durch wirtschaftliche Operationen (starke Durchforstungen, Lichtungshiebe), sowie durch sonstige Einflüsse (Witterung, Samen=jahre, Insektenfraß usw.) sehr beeinflußt wird.

§ 53. Flächenzuwachs.

Die Kenntnis des Stärkezuwachses gewährt noch keinen Einblick in die Größe des Flächenzuwachses, d. h. die Vergrößerung, welche ein in beliebiger Höhe des Schaftes entnommener Querschnitt inner=halb eines gewissen Zeitraumes erfahren hat. Der Flächenzuwachs steigt wegen Vergrößerung der Radien bei gleichbleibendem Stärke=zuwachs und kann aus dem gleichen Grund noch gleich bleiben, wenn dieser bereits sinkt.

Er stellt einen Kreisring dar und wird gemessen durch die Diffe=renz der zu dem Durchmesser d und d' am Anfang und Schluß der Periode gehörigen Kreisflächen g und g'.

Für die Bestimmung von d und d' gelten die oben bezüglich der Ermittelung des Stärkezuwachses angegebenen Regeln.

Die außerdem noch empfohlenen Methoden zur Ermittelung des Flächenzuwachses, nämlich: Papierwägung (d. h. Wägung von Papierscheiben, deren Größe gleich ist den Flächen g und g', wobei sich der Flächenzuwachs aus dem bekannten Gewichte der Flächen=einheit der betr. Papiersorte berechnen läßt) und Flächenberechnung mit Hilfe des Polarplanimeters sind viel zu umständlich, um bei einer größeren Untersuchungsreihe angewandt zu werden, ohne daß das dabei erhaltene Resultat genauer wäre, als jenes, welches durch Zugrundelegung des Mittels aus einer Mehrzahl von Durch=messern erhalten wird. In Spezialfällen können sie dagegen gute Dienste leisten.

Ebenso wie der Stärkezuwachs wird auch der Flächenzuwachs entweder für eine beschränkte Zahl von Perioden oder für alle auf einem Querschnitt vertretenen Lebensjahre berechnet.

Bezüglich der Verteilung des Stärke= und Flächenzuwachses am gleichen Stamm ist im allgemeinen folgendes zu bemerken:

Innerhalb des beasteten Teiles sinkt der Stärke= und Flächen=zuwachs von unten nach oben bedeutend.

Bei den Stämmen eines normal geschlossenen Bestandes, welche der herrschenden Klasse angehören, aber keine ungewöhnlich stark entwickelte Krone besitzen, sind die Jahresringe unmittelbar unter=halb der Krone, sowie im Bereich des Wurzelanlaufs am breitesten.

Längs des unbelaubten Schaftteiles besitzen im übrigen die Jahresringe entweder eine gleiche Breite oder nehmen doch von oben nach unten nur wenig ab.

Entsprechend dem nach unten stärker werdenden Durchmesser nimmt infolgedessen der Flächenzuwachs entweder zu oder bleibt etwa gleich.

Bei Stämmen mit schwach entwickelter Krone (geringere Stammklassen, Durchforstungsstämme) nimmt der Stärkezuwachs von oben nach unten ab, der Flächenzuwachs bleibt infolgedessen höchstens gleich oder nimmt ebenfalls ab. Der nämliche Fall kann auch bei herrschenden Stämmen in einzelnen Jahren eintreten, wenn der Zuwachs durch Witterungseinflüsse, Insektenfraß, Samenproduktion usw. sehr stark herabgesetzt wird.

Bei absterbenden Stämmen kann unten ein vollständiges Aussetzen der Jahresringe vorkommen.

Nach plötzlichen Freistellungen und im Lichtstand tritt sehr häufig eine bedeutende Zunahme der Ringbreite und deshalb eine noch stärkere Vermehrung des Flächenzuwachses in den unteren Stammteilen ein, während im oberen Teile des Schaftes die Ringbreite sich gleich bleibt oder sogar oft noch unter das bisherige Maß herabsinkt.

Diese Verhältnisse müssen wohl berücksichtigt werden, wenn man aus der Messung des Stärke- und Flächenzuwachses an einem einzelnen, noch dazu im untersten Stammteile gelegenen Querschnitt, wie dieses bei den Zuwachsuntersuchungen am stehenden Stamm stets der Fall ist, einen Schluß auf den Massenzuwachs des ganzen Stammes ziehen will.

Zur Erklärung dieser Verhältnisse folgen die Ergebnisse einiger Untersuchungen:

a) Vergleich des Stärke- und Flächenzuwachses eines herrschenden und eines unterdrückten Stammes aus einem Weymouthskiefernbestand der Oberförsterei Rogelwitz für die Altersperiode 60—102 Jahre:

Höhe am Stamm	1. Durchmesserzuwachs		2. Flächenzuwachs	
	herrschend	unterdrückt	herrschend	unterdrückt
m	mm	mm	qcm	qcm
1,0	58	4	278	11
4,4	55	5	238	12
8,5	55	9	208	18
12,6	63	16	202	25
17,0	88	33	220	37

b) Einfluß der Lichtung auf einen Kiefernstamm der Oberförsterei Freienwalde:

Höhe am Stamm m	Durchschnittliche Jahres-ringbreite in mm während:		Durchschnittlicher jährlicher Flächenzuwachs in qcm während:	
	des Licht-standes (12 Jahre)	der 12 voraus-gehenden Jahre	des Licht-standes (12 Jahre)	der 12 voraus-gehenden Jahre
2	1,88	0,54	17,2	4,5
6	1,71	0,33	13,8	2,4
10	1,42	0,38	11,1	2,7
12	1,41	0,42	10,8	2,6

Der laufende Flächenzuwachs zeigt dem allgemeinen Gesetze entsprechend ein Ansteigen, eine Kulmination und ein Wiederabfallen.
Der Verlauf dieser normalen Entwickelung wird jedoch sehr durch
äußere Verhältnisse beeinflußt, daher zeigt die Untersuchung des
tatsächlichen Zuwachsganges einzelner Stämme vielfache Schwankungen, welche umsomehr hervortreten, je kürzere Zeitabschnitte
miteinander verglichen werden, und je älter die Stämme selbst
sind.

Während das Höhenwachstum sehr frühzeitig kulminiert und
dann rasch abfällt, tritt das Maximum des laufend-jährlichen Flächenzuwachses (und ebenso jenes des hiermit enge zusammenhängenden
Massenzuwachses) erheblich später ein, sinkt langsam und erhält
sich oft lange auf annähernd gleicher Höhe. Wirtschaftliche Maßregeln, namentlich Durchforstungen und Lichtungen können Flächen-
und Massenwachstum erheblich beeinflussen und namentlich ein
rasches und frühzeitiges Sinken verhindern. Sekundäre Maxima
treten bei Flächen-Massenwachstum nicht selten auf.

Als Beispiele für den Verlauf des Stärke- und Flächenzuwachses sollen die
Zahlen für eine 150jährige Fichte (Oberhaus) und eine 210jährige Buche (Chorin)
mitgeteilt werden.

1. Fichte:

Altersperiode	0—30	31—60	61—90	91—120	121—150
Stärkezuwachs in mm	159	108	59	40	26
Flächenzuwachs in qcm	199	361	275	217	155

2. Buche:

Altersperiode	0—30	31—60	61—90	91—120	121—150	151—180	181—210
Stärkezuwachs in mm	52	106	77	101	98	46	22
Flächenzuwachs in qcm	21	175	238	453	592	331	161

Die Ermittelung des Flächenzuwachses nach vorwärts für kurze
Perioden geschieht meist unter Benutzung des in der oben ange-

gebenen Weise geschätzten Stärkezuwachses. Man kann ihn aber auch aus dem Flächenzuwachs mehrerer vorausgegangener Perioden nach der hier hervortretenden Tendenz schätzen. Der Einfluß wirtschaftlicher Maßregeln ist wohl zu beachten.

§ 54. Berechnung des Massenzuwachses nach dem Sektionsverfahren.

Um den Massenzuwachs berechnen zu können, müssen die Massen v und v' zu Anfang und zu Ende der betreffenden Periode bekannt sein. Beide werden nach dem gewünschten Genauigkeitsgrade auf verschiedene Weise ermittelt.

Das im zweiten Abschnitte angegebene Verfahren zur Berechnung der gegenwärtigen Masse eines Stammes durch Zerlegung in eine Anzahl von Sektionen und Berechnung der letzteren als abgekürzte Paraboloide, läßt sich auch zur Lösung der vorliegenden Aufgabe verwenden. Der Stamm wird hierbei zunächst durch Zerschneiden in Sektionen von 2—4 m Länge (wobei der Schnitt stets in der Mitte der betr. Sektion geführt wird) zerlegt, hierauf mißt man auf den Schnittflächen die den einzelnen Perioden entsprechenden Durchmesser in der bekannten Weise, berechnet die zugehörigen Querflächen und erhält durch deren Multiplikation mit der Länge der Sektionen die Masse der letzteren und durch Addieren die Baummassen v und v' zu Anfang und Ende der Periode.

Da die Stärke der Rinde für die früheren Lebensperioden nicht bekannt ist oder doch nur durch umständlich vergleichende Messungen ermittelt werden kann, so beziehen sich derartige Zuwachsberechnungen fast stets nur auf den unberindeten Stamm.

Die Ermittelung des Zuwachsganges eines Stammes für seine ganze bisherige Lebensperiode nennt man Stammanalyse.

Durch diese wird entweder festgestellt, welches die Masse am Ende der einzelnen Dezennien, also im Alter von 10, 20, 30 usw. Jahren gewesen ist oder die Aufgabe geht dahin, zu ermitteln, welches die Masse vor n, 2n usw. Jahren gewesen ist.

Behufs Durchführung einer Stammanalyse wird der Stamm in Sektionen von 2—4 m Länge zerlegt, und auf jedem Querschnitt die Zahl der Jahresringe sowie die Größe des Durchmessers in den betreffenden Altersstufen in der bereits bekannten Weise ermittelt. Zum Zweck der Massenermittelung werden alsdann die Querflächen der einzelnen Sektionen mit deren Länge multipliziert und hierzu

Beispiel einer Stammanalyse (vergl. die zugehörige Höhenanalyse auf Seite 102 und Figur 20).

Oberförsterei: Tzullkinnen.   Holzart: Fichte.   Stamm: Nr. 1.

Höhe des Querschnitts	Durchmesser für die Alter								Länge der Sektionen	Massenberechnung der Querflächen im Alter							
m	80	70	60	50	40	30	20	10		80	70	60	50	40	30	20	10
			mm									qcm					
1	554	464	388	309	218	132	89	18	2	2411	1691	1182	750	373	137	62	3
3	484	418	359	291	204	129	55		"	1840	1372	1012	665	327	131	24	
5	454	392	333	266	181	105	21		"	1619	1107	819	556	257	86	4	
7	437	376	316	250	164	78			"	1500	1110	784	491	211	48		
9	425	361	304	237	132	45			"	1419	1024	726	441	137	16		
11	401	338	276	206	115	10			"	1263	897	598	333	104			
13	373	310	239	159	53				"	1093	755	449	199	22			
15	353	283	207	118	16				"	979	629	337	109	2			
17	307	230	155	70					"	740	415	189	38				
19	258	188	109	22					"	523	278	93	4				
21	212	144	69						"	353	163	37	2				
23	162	99	26						"	206	77	5					
25	113	48							"	100	18						
26,5	81	10															
Sa.: a										14046	9636	6231	3588	1433	419	90	3

Dazu eine Sektion von 1 m Länge (zugleich Sa.: b | 52 | 1

Die Masse in den betr. Lebensjahren setzt sich zusammen aus:

	80	70	60	50	40	30	20	10
jener der 2 m langen Sektionen = Sa.: a × 2	2,8092	1,9272	1,2462	0,7176	0,2866	0,0838	0,1800	0,0006 fm
" " 1 " " " = Sa.: b	52	1	.	.	.	.	.	. "
" " Endstücke	8	.	.	.	.	.	.	. "
Ganze Masse	2,8152	1,9273	1,2462	0,7176	0,2866	0,0838	0,0180	0,006 fm

noch die Kubikinhalte der nicht eine volle Sektion langen Gipfelstücke addiert. Bei stärkeren Stämmen können die Gipfelstücke,
welche die Mitte der Sektionen nicht erreichen, wegen ihres sehr
kleinen Inhaltes vernachlässigt, die über die Mitte reichenden aber
mit der vollen Sektionslänge in Rechnung gezogen werden.

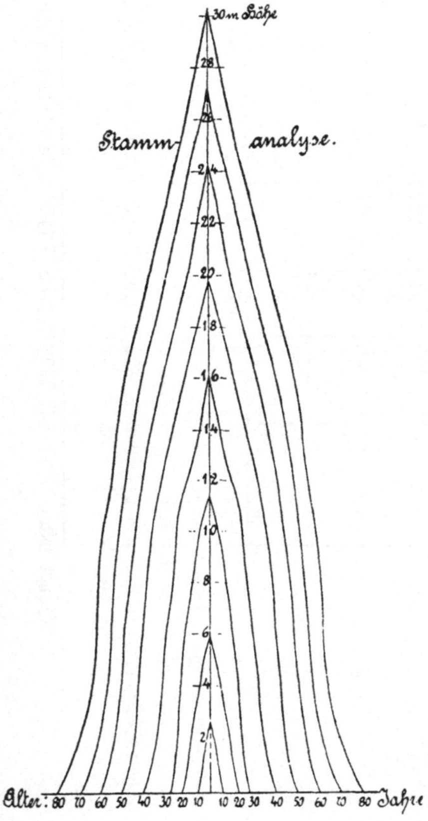

Die Ergebnisse der Höhen-analyse und der Stärkemessung auf den einzelnen Sektionen lassen sich graphisch zu dem Bilde eines Schnittes durch die Längs-achse des Baumes vereinigen. Zu diesem Zwecke werden auf Millimeter-Papier zuerst auf einer die Baumachse darstellen-den Geraden die Höhenlagen der einzelnen Querschnitte sowie die Höhen, welche die Spitze des Baumes am Ende der ein-zelnen Zeitabschnitte erreicht hat, aufgetragen, sodann auf jedem Querschnitt die den einzelnen Perioden entsprechenden Radien nach beiden Seiten der Achse markiert und endlich die zusam-mengehörigen Punkte miteinan-der verbunden, wodurch man die Stammkurven der einzelnen Lebensabschnitte erhält (Abbil-dung 20).

Derartige Stammanalysen er-strecken sich nur auf die Schaft-masse, ausnahmsweise auch noch auf die stärkeren Äste, der Zuwachs des übrigen Astholzes bleibt unberücksichtigt.

Abb. 20.

§55. Berechnung des Massenzuwachses aus der Mittenstärke.

Wie das vorige Verfahren von der genaueren sektionsweisen Kubierung, so geht dieses von der Massenberechnung der Stämme nach Mittenstärke und Länge aus.

Man ermittelt hierbei die Länge l, welche der Stamm gegenwärtig besitzt, ebenso in $\frac{l}{2}$ den gegenwärtigen rindenlosen Durchmesser δ; ferner durch Entwipfelung die Länge l_r, welche der Stamm vor n Jahren besaß und die zu $\frac{l_r}{2}$ gehörige Stärke δ_r zu Anfang der Periode. Sind γ und γ_r die zu δ und δ_r gehörigen Querflächen, so ist der Zuwachs:

$$z_r = \gamma\, l - \gamma_r l_r.$$

Um beide Durchmesser an der gleichen Stelle messen zu können, hat Preßler vorgeschlagen, den Stamm zuerst um n (oder noch besser um 1,3 bis 1,4 n) Jahrestriebe zu kürzen und alsdann an die Stelle des „zuwachsrecht" entwipfelten Stammes, also in $\frac{l_r}{2}$ sowohl den früheren, als auch den gegenwärtigen Durchmesser zu bestimmen. Obige Formel geht dann über in:

$$z_r = \gamma\, l_r - \gamma_r l_r = l_r(\gamma - \gamma_r).$$

Der Fehler, welcher dadurch begangen wird, daß man l_r auch als die gegenwärtige Länge des Baumes, also um den n jährigen Längenzuwachs zu klein annimmt, soll dadurch ausgeglichen werden, daß δ etwas zu tief und daher um etwas zu groß gemessen wird.

Um δ_r zu messen ist es nicht notwendig den Stamm zu durchschneiden, sondern man kann auch den n jährigen Stärkezuwachs als Mittel der Messungen von mehreren, mittels des Zuwachsbohrers erhaltenen Spänen bestimmen und die doppelte Größe der Ringbreite vom jetzigen Durchmesser δ abziehen.

Nach dem gleichen Verfahren läßt sich auch der Massenzuwachs vorwärts schätzen, alsdann braucht man nur den Betrag des wahrscheinlichen Stärkezuwachses zu dem gegenwärtigen Durchmesser zu addieren und erhält den Zuwachs z_f in der nächsten n jährigen Periode:

$$z_f = l\,(\gamma_f - \gamma).$$

Dieses Verfahren kann nur für die Ermitelung des Zuwachses während einer einzigen, nicht zu langen Periode benutzt werden.

§ 56. Zuwachsberechnung unter Anwendung von Formzahlen.

Bezeichnen g und l die Grundfläche und Scheitelhöhe eines liegenden Stammes, ferner g_r und l_r die entsprechenden Elemente

zu Anfang der Periode, so kann man zum Zweck der Massenberech=
nung entweder die gegenwärtige Formzahl f direkt messen und
unterstellen, daß diese während der betreffenden Periode, falls sie
nur kurz ist, unverändert geblieben sei, oder man kann die zu l und
l_r gehörige Formzahlen aus Tafeln entnehmen.

Im ersten Fall ist der Zuwachs:
$$z = glf - g_r l_r f$$
im zweiten: $$z = glf - g_r l_r f_r$$

Ersteres Verfahren ist umständlicher und letzteres ungenauer,
als das im vorigen Paragraphen beschriebene.

Es ist von Wagener in der zuletzt erwähnten Form zur Abkür=
zung der umständlichen Stammanalysen empfohlen worden, sie
wird aber wegen ihrer Ungenauigkeit nur sehr selten angewendet.

2. Ermittelung des Zuwachsprozentes.

§ 57. Allgemeines über die Berechnung des Zuwachs= prozentes.

Außer der Feststellung der absoluten Zuwachsgröße kommt für
viele Aufgaben das Verhältnis in Betracht, welches zwischen der
Zuwachsgröße und der Masse, an der sie erfolgt, besteht. Um einen
von der konkreten Masse unabhängigen Ausdruck zu erhalten, be=
zieht man die Zuwachsleistung auf die Masse 100 sowie ein Jahr
als Zeiteinheit, und erhält so das Zuwachsprozent.

Als Masse im Sinne vorstehender Definition können für die
Zwecke der Holzmeßkunde: Höhe, Stärke, Fläche und Volumen
(Holzmasse) in Betracht kommen. Man spricht demnach von einem
Höhen=, Stärke=, Flächen= und Massen=Zuwachsprozent[1].

Die Zuwachsleistung wird in weitaus den meisten Fällen ent=
weder auf die zu Anfang der Periode oder auf die zur Mitte dieses
Zeitraumes vorhandene Masse bezogen.

Im ersten Fall ist:
$$m : z = 100 : p \text{ und}$$
$$p = \frac{100z}{m}. \hspace{3cm} 1)$$

---

[1] Im folgenden bezeichnen:

d, g, v und p die gegenwärtige Größe des Durchmessers usw.

d_r, g_r, v_r die Größe des Durchmessers usw. zu Anfang der Periode, sowie p_r das Zuwachsprozent für die rückwärts liegende Periode.

d_f, g_f, v_f die entsprechenden Werte am Schluß der kommenden Periode und p_f das Zuwachsprozent nach vorwärts.

Wenn man für z den Ausdruck $m_f - m$ einführt und eine njährige Periode annimmt, so ergibt sich:

$$p = \frac{100}{n} \cdot \frac{m_f - m}{m}. \qquad 2)$$

Im zweiten Fall muß man, wenn, wie gewöhnlich nur die Anfangsmasse m und die Endmasse m_f gegeben sind, zunächst eine Annahme über den Gang des Zuwachses machen.

Wird unterstellt, daß der Zuwachs in jedem Jahr während des betrachteten Zeitraumes der gleiche ist, so nehmen die Massen in einer arithmetischen Reihe zu; der Gang des Zuwachses läßt sich alsdann durch eine gerade Linie darstellen.

Die Masse in der Mitte der Periode ist unter dieser Voraussetzung das Mittel aus den Massen zu Anfang und am Schlusse derselben, also $= \dfrac{m_f + m}{2}$; setzt man für den Zuwachs z den Ausdruck $m_f - m$, so ergibt sich:

$$\frac{m_f + m}{2} : (m_f - m) = 100 : p$$

$$p = \frac{m_f - m}{m_f + m} \cdot 200 \qquad 3)$$

Wird auch hier statt der einjährigen Periode eine njährige zugrunde gelegt, so geht die Formel 3 über in:

$$p = \frac{m_f - m}{m_f + m} \cdot \frac{200}{n}. \qquad 4)$$

Derselbe Ausdruck ergibt sich, wenn man den Zuwachs in Prozenten der laufenden Masse ausdrückt und den Mittelwert dieses Prozentes berechnet[1]). Ändert sich der Zuwachs während der Periode, so gilt diese Formel nur annäherungsweise, und zwar gibt sie bei steigendem Zuwachs zu kleine, bei fallendem Zuwachs zu große Werte.

Die Formel 4 ist zuerst von **Preßler**, und zwar als Näherungsformel für die Rechnung nach Zinseszinsen $p = \left(\sqrt[n]{\dfrac{mf}{m}} - 1 \right) 100$ angegeben worden und wird daher als **Preßler'sche** Formel bezeichnet.

Es ist jedoch keineswegs notwendig, die tatsächlich unrichtige Voraussetzung zu machen, daß der Massenzuwachs nach Zinseszinsen erfolge, sondern man erhält

---

[1]) **Schubert**, Zur Berechnung des Massenzuwachses nach Prozenten, Zeitschr. f. Forst- u. Jagdwesen 1888, S. 472.

die dem wirklichen Wachstumsgang sehr gut entsprechende Formel auch bei Unterstellung einfacher Zinsen, sobald man das Zuwachsprozent nicht auf die Anfangsmasse, sondern auf die Mittenmasse bezieht, was für viele Untersuchungen zweckmäßig ist.

Bei Vergleichung des nach Formel 4 berechneten Zuwachsprozentes mit dem tatsächlichen Wachstumsgang, zeigt sich, daß die entstehenden Differenzen nur sehr gering sind, namentlich dann, wenn man von den jüngsten Altersklassen (etwa unter 40 Jahren), absieht, in denen allerdings eine raschere Änderung eintritt. Man kann also ohne einen nennenswerten Fehler zu begehen, annehmen, daß in der Tat, wenigstens in den mittleren und höheren Lebensaltern, für welche die Zuwachsprozente doch hauptsächlich in Betracht gezogen werden, die Massen für eine nicht allzulange Periode annähernd genau nach den Gesetzen einer arithmetischen Reihe zunehmen.

Bei Vergleichung der Formel 2 mit Formel 4 zeigt sich, daß erstere stets größere Zuwachsprozente ergeben muß. Der Unterschied ist um so größer, je rascher die Massenkurve ansteigt, d. h. er wächst mit der Größe des Zuwachsprozentes selbst und ist unter sonst gleichen Umständen bei fallendem Zuwachs größer als bei steigendem.

Beide Methoden der Berechnung des Zuwachsprozentes haben ihre Berechtigung. Jene, welche von der Masse zu Anfang der Periode ausgeht, leistet dann gute Dienste, wenn es sich darum handelt, aus der jetzigen Masse und einem bekannten, ähnlichen Verhältnisse entnommenen p den Zuwachs z zu berechnen. Es ist alsdann:

$$z = \frac{m\,p}{100} \cdot n$$

Hierbei ist jedoch zu berücksichtigen, daß sich p fortwährend ändert, man darf also bei Zuwachsberechnungen nach vorwärts für längere Perioden nicht das gegenwärtige Prozent anwenden, sondern jenes, welches deren Mitte entspricht. Derartige Aufgaben liegen bei der Forsteinrichtung vielfach vor.

Wenn man aber p nach Formel 4 berechnet, so erhält man einen guten Einblick in den Zuwachsgang während einer bestimmten Periode, was namentlich für die meisten forststatischen Untersuchungen von Wichtigkeit ist. Außerdem bekommt man für die Zuwachsberechnung sofort ein für die Mitte der Periode berechnetes p.

Wenn man für m_f und m in Formel 2 und 4 nach einander Höhe, Durchmesser, Fläche und Volumen einsetzt, erhält man:

auf den Anfang der Periode bezogen: für die Mitte der Periode bezw. auf die laufende Masse bezogen:

$$\text{Höhenzuwachsprozent:} \quad p_h = \frac{100}{n} \cdot \frac{h_f - h}{h} \qquad \frac{h_f - h}{h_f + h} \cdot \frac{200}{n}$$

$$\text{Stärkezuwachsprozent:} \quad p_d = \frac{100}{n} \cdot \frac{d_f - d}{d} \qquad \frac{d_f - d}{d_f + d} \cdot \frac{200}{n}$$

$$\text{Flächenzuwachsprozent:} \quad p_g = \frac{100}{n} \cdot \frac{g_f - g}{g} \qquad \frac{g_f - g}{g_f + g} \cdot \frac{200}{n}$$

$$\text{Volumenzuwachsprozent:} \quad p_v = \frac{100}{n} \cdot \frac{v_f - v}{v} \qquad \frac{v_f - v}{v_f + v} \cdot \frac{200}{n}$$

Will man diese Formeln zur Berechnung des Zuwachsprozentes in der nächsten njährigen Periode anwenden, so ist m gleich der jetzigen Größe der Höhe, des Durchmessers usw. und ist deren Größe m_f am Ende der Periode nach den früher angegebenen Gesichtspunkten einzuschätzen.

Hinsichtlich des Ganges der Zuwachsprozente ist zu bemerken, daß sie mit sehr hohen Beträgen beginnen (auf den Anfangswert bezogen: mit ∞, weil $p_o = \frac{100}{n} \cdot \frac{m - o}{o}$; auf die Mitte der Periode bezogen, hängt der Anfangswert von der Länge der Periode ab und beträgt für ein Jahr 200, da $p = \frac{m + o}{m - o} \cdot \frac{200}{n}$). Die Prozente fallen mit zunehmendem Alter zuerst rasch, dann langsam, zeigen aber in ihrem Verlaufe mannigfache von Wachstumsverhältnissen abhängige Schwankungen.

Bezüglich eines Zahlenbeispieles für den Gang der verschiedenen Arten von Zuwachsprozenten wird auf S. 123 verwiesen.

§ 58. Berechnung des Massenzuwachsprozentes am liegenden Stamme.

Oben ist gezeigt worden, daß am zuwachsrecht entwipfelten Stamm die Volumina zu Anfang und zu Ende der Periode ausgedrückt werden durch die Formeln:

$$v_r = \gamma_r l \text{ und } v = \gamma.$$

Setzt man diese Ausdrücke für v_r und v in die Formel für das Volumenzuwachsprozent ein, so erhält man:

$$p_v = \frac{\gamma l - \gamma_r l_r}{\gamma l + \gamma_r l_r} \cdot \frac{200}{n} = \frac{\gamma - \gamma_r}{\gamma + \gamma_r} \cdot \frac{200}{n} \qquad 1)$$

Letzterer Ausdruck ist aber auch gleich p_g (vergl. oben S. 117), d. h. **bei zuwachsrechter Entwipfelung ist das Volumenzuwachsprozent gleich dem Flächenzuwachsprozent der Mittenfläche.**

Eine Untersuchungsreihe über die Höhen, in welchen das Flächenzuwachsprozent dem Massenzuwachsprozent gleich wird, hat ergeben, daß dieses infolge der Formveränderung am Schaft keineswegs immer in der Mitte des zuwachsrecht entwipfelten Stammes der Fall ist, sondern daß in dieser Beziehung erhebliche Schwankungen vorkommen und im allgemeinen der betr. Querschnitt bei 0,40 bis 0,45 der Totalhöhe liegt.

Es ist deshalb angezeigt, bei der zuwachsrechten Entwipfelung nicht nur um n Höhentriebe, sondern, wie auch Preßler vorgeschlagen hat, weiter, und zwar mindestens um 1,3 bis 1,5 n Höhentrieb zurückzugehen. Bei sehr alten Stämmen, deren Höhenwachstum in der Regel nur ein äußerst geringfügiges ist, muß man noch erheblich weiter herunterrücken (2n bis 3n).

Setzt man in 1) für γ und γ_r die Werte $\frac{\pi}{4}d^2$ und $\frac{\pi}{4}d_r^2$ ein, so wird:

$$p_g = \frac{\frac{\pi}{4}d^2 - \frac{\pi}{4}d_r^2}{\frac{\pi}{4}d^2 + \frac{\pi}{4}d_r^2} \cdot \frac{200}{n} = \frac{d^2 - d_r^2}{d^2 + d_r^2} \cdot \frac{200}{n} \qquad 2)$$

Preßler hat diesen Ausdruck noch dadurch umgestaltet, sowie für die Einrichtung und den Gebrauch von Tafeln brauchbaren gemacht, daß er $\frac{d}{d - d_r} = \frac{d}{z}$ als den „relativen Durchmesser" r bezeichnete.

Aus $\frac{d}{d - d_r} = \frac{d}{r} = r$ erhält man für d und d_r folgende Werte:

$$d = rz$$
$$d_r = rz - z = z(r - 1).$$

Führt man diese Werte in Formel 2 ein, so hat man:

$$p_r = \frac{r^2z^2 - z^2(r-1)^2}{r^2z^2 + z^2(r-1)^2} \cdot \frac{200}{n} = \frac{r^2 - (r-1)^2}{r + (r-1)^2} \cdot \frac{200}{n} \qquad 3)$$

Für die Berechnung des Zuwachsprozentes nach vorwärts bezeichnet man d + z als d_f und erhält alsdann:

$$\frac{d}{d_f - d} = \frac{d}{z} = r.$$

Hieraus wird in analoger Weise wie oben:

$$d = rz \text{ und } d_f = (zr + 1).$$

Bei Einführung dieser Werte in Formel 2 wird das Zuwachsprozent vorwärts:

$$p_v = \frac{z^2(r+1)^2 - r^2z^2}{z^2(r+1)^2 + r^2z^2} \cdot \frac{200}{n} = \frac{(r+1)^2 - r^2}{(r+1)^2 + r^2} \cdot \frac{200}{n} \qquad 4)$$

Die Werte von p_r und p hat Preßler in Tafel 23 seines Hilfsbuches[1]) für alle Größen von r = 2.0 bis r = 200 zusammengestellt.

Auf die Berechnung des Zuwachsprozentes liegender Stämme kann in analoger Weise auch die Schneidersche Formel $\frac{400}{nd}$ angewendet werden, deren Besprechung des Zusammenhanges wegen erst im § 61 folgt.

§ 59. Ermittelung des Massenzuwachsprozentes an stehenden Bäumen nach Preßler.

Die Berechnung der gegenwärtigen Masse stehender Bäume ist, wie früher erörtert, immer nur mit ungleich geringerem Genauigkeitsgrad möglich, als jene gefällter Stämme; in noch höherem Grade gilt dieses für Ermittelung des Massenzuwachses und Massenzuwachsprozentes. Die einzigen Größen, welche hierbei für den früheren Stamm richtig bestimmt werden können, sind der Durchmesser und die Kreisfläche in Brusthöhe; bezüglich der übrigen massenbildenden Elemente: Höhe und Formzahl, ist man lediglich auf gutachtliche Schätzung angewiesen.

Als Anhaltspunkte für diese Rechnungen hat Preßler folgende zwei Annahmen gemacht:

---

[1]) Preßler, Holzwirtschaftliche Tafeln, Berlin 1872.

a) Es findet weder Höhen= noch Formzuwachs statt;

b) Höhenzuwachs ist vorhanden, und zwar proportional dem Stärkezuwachs, dagegen bleibt die Formzahl unverändert.

Im ersten Fall, welcher die Untergrenze des Zuwachsprozentes darstellt, lassen sich die Volumina v und v_r durch folgende Formeln ausdrücken:

$$v = \frac{\pi}{4}\, d^2 hf \quad \text{und} \quad v_r = \frac{\pi}{4}\, d_r^2 hf$$

Setzt man diese in die Formel des Volumenzuwachsprozentes ein, so wird:

$$p_1 = \frac{\frac{\pi}{4}\, d^2 hf - \frac{\pi}{4}\, d_r^2 hf}{\frac{\pi}{4}\, d^2 hf + \frac{\pi}{4}\, d_r^2 hf} \cdot \frac{200}{n} = \frac{d^2 - d_r^2}{d^2 + d_r^2} \cdot \frac{200}{n} \qquad 1)$$

und bei Einführung des relativen Durchmessers r wie oben:

$$p_1 = \frac{r^2 - (r-1)^2}{r^2 + (r-1)^2} \cdot \frac{200}{n} \qquad 2)$$

Im zweiten Fall ist die Voraussetzung gemäß:

$$h_r : h = d_r : d$$

oder

$$h = \frac{h_r d}{d_r}$$

Da

$$v_r : v = \frac{\pi}{4}\, d_r^2 h_r f : \frac{\pi}{4}\, d^2 hf$$

so ist auch

$$v_r : v = \frac{\pi}{4}\, d_r^2 h_r f : \frac{\pi}{4}\, d^2 \frac{h_r d}{d_r}\, f$$

und

$$v_r : v = d_r^3 : d^3$$

Demgemäß ist:

$$p_2 = \frac{d^3 - d_r^3}{d^3 + d_r^3} \cdot \frac{200}{n} = \frac{r^3 - (r-1)^3}{r^3 + (r-1)^3} \cdot \frac{200}{n} \qquad 3)$$

Als Obergrenze des Zuwachsprozentes nimmt Preßler jenes Verhältnis an, in welchem auch noch längs des unbeasteten Teils eine Vergrößerung der Formzahl stattfindet und drückt dieses durch die Formel aus:

$$p_3 = \frac{d^{3^1/_3} - d_r^{3^1/_3}}{d^{3^1/_3} + d_r^{3^1/_3}} \cdot \frac{200}{n} = \frac{r^{3^1/_3} - (r-1)^{3^1/_3}}{r^{3^1/_3} + (r-1)^{3^1/_3}} \cdot \frac{200}{n} \qquad 4)$$

Die Ausdrücke für das Zuwachsprozent nach vorwärts sind analog folgende:

$$p_1 = \frac{d_f^2 - d^2}{d_f^2 + d^2} \cdot \frac{200}{n} = \frac{(r+1)^2 - r^2}{(r+1)^2 + r^2} \cdot \frac{200}{n}$$

$$p_2 = \frac{d_f^3 - d^3}{d_f^3 + d^3} \cdot \frac{200}{n} = \frac{(r+1)^3 - r^3}{(r+1)^3 + r^3} \cdot \frac{200}{n}$$

$$p_3 = \frac{d_f^{3^1/_3} - d^{3^1/_3}}{d_f^{3^1/_3} + d^{3^1/_3}} \cdot \frac{200}{n} = \frac{(r+1)^{3^1/_3} - r^{3^1/_3}}{(r+1)^{3^1/_3} + r^{3^1/_3}} \cdot \frac{200}{n}$$

Die Rechnung nach dem relativen Durchmesser wird nach Heß dadurch vereinfacht, daß man für n so viele Jahresringe annimmt, als auf $^1/_2$ cm gehen. Dann ist

$$z = 1 \text{ und } d = r$$
$$\frac{d}{d - d_r} = \frac{d}{d - (d-1)} = \frac{d}{1}$$

Die Werte für p_1 sind in Tafel 23 als Stufe I, jene für p_2 und p_3 als Stufe IV und V in Tafel 24 von Preßler's Forstlichem Hilfsbuch enthalten, wo zwischen p_1 und p_2 noch zwei weitere Stufen (II und III) für die Exponenten $2^1/_3$ und $2^2/_3$ interpoliert sind.

Um in einem konkreten Fall entscheiden zu können, welche der verschiedenen Formeln zur Berechnung des Zuwachsprozentes anzuwenden sind, hat Preßler eine Tabelle angegeben, in welcher dieses in Relation zum Höhenzuwachs und Kronenansatz gebracht wird.

Diese Anleitung zur Schätzung der Zuwachsstufe ist aber unrichtig, weil ein gesetzmäßiger Zusammenhang zwischen Massenzuwachs und Höhenzuwachs nicht besteht; das Maximum des laufendjährlichen Massenzuwachses fällt häufig in jene höhere Altersstufen, in welchen der Höhenzuwachs nur noch gering ist. Man ist deshalb für die Anwendung der Preßler'schen Formel immer auf Einschätzung der Zuwachsstufe nach gutachtlichem Befinden angewiesen. Auch in haubaren, aber noch nicht überalten Beständen kann man auf mittleren und besseren Standorten meist noch mit den Preßler=schen Stufen II und III (Exponent $2^1/_3$ und $2^2/_3$) rechnen.

§ 60. Zusammenhang zwischen Durchmesser=, Flächen= und Massenzuwachsprozent.

Das Flächenzuwachsprozent läßt sich in einfacher Weise aus dem korrespondierenden Stärkezuwachsprozent ableiten, wenn p den Zuwachs in Prozenten der Anfangsmasse ausdrücken soll.

Es verhält sich nämlich $d_r : d = 100 : (100 + p_d)$　　　　1)

und $\qquad\qquad\qquad g_r : g = 100 : (100 + p_g)$　　　　2)

Aus 1 ergibt sich:

$$d_r^2 : d^2 = 100^2 : (100 + p_d)^2 = 100^2 : (100^2 + 200\,p_d + p_d^2)$$

Dividiert man Zähler und Nenner des Quotienten der rechten Seite durch 100 und multipliziert jene der linken mit $\dfrac{\pi}{4}$, so erhält man:

$$\frac{\pi}{4}\,d_r^2 : \frac{\pi}{4}\,d^2 = 100 : \left(100 + 2p_d + \frac{p_d^2}{100}\right) \qquad 3)$$

Da statt $\dfrac{\pi}{4}\,d_r^2$ und $\dfrac{\pi}{4}\,d^2$ die Größen g_r und g eingesetzt werden können, so sind die linken Seiten der Formeln 2 und 3 einander gleich, also

$$\frac{100}{100 + p_g} = \frac{100}{100 + 2\,p_d + \dfrac{p_d^2}{100}} \quad \text{oder} \quad p_g = 2\,p_d + \frac{p_d^2}{100} \qquad 4)$$

Da p_d für die mittleren und höheren Lebensalter sehr klein ist, so darf $\dfrac{p_d^2}{100}$ gegen $2p_d$ vernachlässigt werden; das **Flächenzuwachs=** **prozent ist demnach gleich dem doppelten zugehörigen Stärkezuwachsprozent,** also

$$p_g = 2p_d.$$

Beim liegenden Stamm ist, wie auf S. 118 gezeigt wurde, unter Voraussetzung zuwachsrechter Entwipfelung das Massenzu=wachsprozent ebenfalls gleich dem Flächenzuwachsprozent in $^1/_2$. In älteren Beständen kann man bei taxatorischen Arbeiten ohne einen nennenswerten Fehler zu machen, von der zuwachsrechten Entwipfe=lung absehen und statt dessen die Messung an den in gewöhnlicher Weise, jedoch nicht auffallend kurz, abgelängten Stämmen vor=nehmen.

Beim stehenden Stamm ergibt sich das Massenzuwachsprozent in jenen Fällen, in welchen die Volumina zu Anfang und Ende der Zuwachsperiode sich verhalten wie die dritten Potenzen des zuge=hörigen Durchmessers in Brusthöhe (Preßler'sche Stufe IV) in fol=gender Weise aus dem Flächenzuwachsprozent in Brusthöhe.

$$v_r : v = d_r^3 : d^3 = 100^3 : (100 + p_d)^3$$
$$v_r : v = 100 \cdot 100^2 : (100 \cdot 100^2 + 3 \cdot 100^2 p_d + 3 \cdot 100 p_d^2 + p_d^3)$$
$$v_r : v = 100 : \left(100 + 3p_d + \frac{3p_d^2}{100} + \frac{p_d^3}{100^2}\right)$$

Vernachlässigt man die beiden letzten Glieder des Klammer=ausdruckes, so ergibt sich $\dfrac{v_r}{v} = \dfrac{100}{100 + 3p_d}$, d. h. das Massenzu=wachsprozent ist gleich dem dreifachen Stärkezuwachs=prozent. Die Untergrenze des Massenzuwachsprozentes am stehen=den Stamm (Preßler'sche Stufe I) ist gegeben durch das Flächen=zuwachsprozent oder dem doppelten Stärkezuwachsprozent in Brusthöhe. Das Maximum des Massen=Zuwachsprozentes entspricht dem Dreiundeinhalbfachen dieses Stärkezuwachsprozentes.

Als Beispiel für den Gang der verschiedenen Zuwachsprozente und deren gegenseitiges Verhältnis folgen nachstehend die Werte für einen 203jährigen Kiefernstamm aus der Oberförsterei Cladow nach Altersperioden von 30 Jahren:

Altersperiode:	0—30	31—60	61—90	91—120	121—150	151—180	181—210
Durchmesserzuwachsprozent:	6,67	2,20	1,17	1,15	0,78	0,52	0,30
Flächenzuwachsprozent:	6,67	4,00	2,26	2,24	1,55	1,03	0,60
Massenzuwachsprozent:	6,67	5,13	3,27	2,71	1,77	1,20	0,87
$\dfrac{\text{Flächenzuwachsprozent}}{\text{Durchmesserzuwachsprozent}}$	=	1,82	1,93	1,95	1,99	1,98	2,00
$\dfrac{\text{Massenzuwachsprozent}}{\text{Durchmesserzuwachsprozent}}$	=	2,33	2,79	2,36	2,27	2,30	2,90

§ 61. Ermittelung des Zuwachsprozentes stehender Stämme nach Schneider.

Schneider[1]) betrachtete die Zuwachsverhältnisse der Stämme lediglich nach der Zunahme der Durchmesser und Kreisflächen in Brusthöhe unter der Voraussetzung, daß der Höhenzuwachs fehle und die Formzahl in der nächsten Zeit eine Veränderung nicht erfahren werde.

Als Maßstab für den Stärkezuwachs nimmt Schneider den Quo=tienten an, welcher sich ergibt, wenn man den Zuwachs von der Stärke eines cm (Zolles) durch die Anzahl Jahre dividiert, welche der Baum braucht, um im Radius um einen cm (Zoll) stärker zu werden.

---

[1]) Schneider war Professor der Mathematik an der Forstakademie Ebers=walde und hat diese Formel im Jahre 1853 veröffentlicht.

Besitzt der Zuwachsring eine Stärke von $\frac{1}{n}$ der betr. Maßeinheit (Zentimeter, Zoll), so wird, wenn man den gegenwärtigen Durchmesser mit d bezeichnet, der Durchmesser des letzten Jahres $d - \frac{2}{n}$, jener des folgenden Jahres $d + \frac{2}{n}$ betragen. Der jetzige Inhalt des Baumes ist $\frac{\pi}{4} d^2 hf$, jener des vorjährigen $\frac{\pi}{4}\left(d - \frac{2}{n}\right)^2 hf$, jener des folgenden $\frac{\pi}{4}\left(d + \frac{2}{n}\right)^2 hf$.

Der letztjährige Zuwachs ist:

$$\frac{\pi}{4} d^2 hf - \frac{\pi}{4}\left(d - \frac{2}{n}\right)^2 hf = \frac{\pi hf}{4}\left(\frac{4d}{n} - \frac{4}{n^2}\right),$$

das Zuwachsprozent wird demnach:

$$\frac{\pi}{4} d^2 hf : \frac{\pi hf}{4}\left(\frac{4d}{n} - \frac{4}{n^2}\right) = 100 : p$$

$$d^2 : \left(\frac{4d}{n} - \frac{4}{n^2}\right) = 100 : p$$

$$p_r = \frac{400}{nd} - \frac{400}{n^2 d^2}$$

Setzt man die gegenwärtige Masse des Baumes zu der nächstjährigen in Relation, so erhält man

$$p_f = \frac{400}{nd} + \frac{400}{n^2 d^2}$$

In beiden Fällen verschwindet $\frac{400}{n^2 d^2}$ gegen $\frac{400}{nd}$, so daß also die Formel für das gegenwärtige Zuwachsprozent lautet:

$$p = \frac{400}{nd}$$

Die Schneider'sche Formel entspricht der Preßler'schen Minimalstufe und trifft daher für die Berechnung des Massenzuwachsprozentes liegender Stämme aus der Mittenstärke genau zu, liefert aber beim stehenden Stamme in der überwiegenden Mehrzahl der Fälle zu geringe Resultate.

Stötzer[1] hat deshalb eine entsprechende Erweiterung der Schneider'schen Formel gegeben.

____

[1] Zeitschr. d. Forst- und Jagdwesen 1880, S. 457ff.

Oben wurde gezeigt, daß für den Fall gleichbleibender Form, aber vollen Höhenzuwachses die Volumina sich verhalten wie die dritten Potenzen der Durchmesser.

Berechnet man das Zuwachsprozent nach Schneider unter dieser Voraussetzung, so ist

$$v : (v + z) = d_3 : \left(d + \frac{2}{n} \right)^3$$

$$\text{oder } 100 : (100 + p) = d^3 : \left(d^3 + \frac{6d^2}{n} + \frac{12d}{n^2} + \frac{8}{n^3} \right)$$

$$100 : p = d^3 : \left(\frac{6d^2}{n} + \frac{12d}{n^2} + \frac{8}{n^3} \right)$$

$$p_f = \frac{600}{nd} + \frac{1200}{n^2d^2} + \frac{800}{n^3d^3}$$

Für die vorjährige Masse ergibt sich in analoger Weise:

$$p_r = \frac{600}{nd} - \frac{1200}{n^2d^2} + \frac{800}{n^3d^3}$$

Läßt man in beiden Fällen $\frac{800}{n^3d^3}$ außer Ansatz und nimmt die

Mitte aus beiden Prozenten, so ist:

$$p = \frac{600}{nd}.$$

Stötzer hat noch als weiteren Fall angenommen, daß die Höhen im Verhältnis der Durchmesserquadrate wachsen, was dann zutrifft, wenn die Bäume als Paraboloide betrachtet werden dürfen. Alsdann ist

$$v_r : v = d_r^2 h_r : d^2 h$$

$$v_r : v = d_r^2 h_r : d^2 \frac{h_r d^2}{d_r^2}$$

$$v_r : v = d_r^4 : d^4.$$

Hier verhalten sich also die Massen der zu vergleichenden Baum= körper, wie die vierten Potenzen der Durchmesser.

Das Zuwachsprozent wird alsdann

$$100 : (100 \pm p) = d^4 : \left(d \pm \frac{2}{n} \right)^4$$

und nach einigen Reduktionen erhält man:

$$p = \frac{800}{nd}$$

Das Preßler'sche Verfahren ist insofern von dem Schneider=
schen verschieden, als es nicht den eben laufenden Zuwachs zu
Grunde legt, sondern eine Zuwachsperiode vorwärts und eine rück=
wärts unterscheidet[1]).

Man kann auch mit der Schneider'schen Formel den künftigen
und den rückwärts liegenden Zuwachs ermitteln, wenn man nicht
den gegenwärtigen Durchmesser einsetzt, sondern jenen, welcher der
Mitte der kommenden bzw. der vergangenen Periode entspricht.

Die beiden besprochenen Formeln sind für die Berechnung
des Zuwachsprozentes gleichmäßig geeignet, jene von Schneider
ist für die Rechnung bequemer, ein Umstand, welcher bei der Preß=
ler'schen Formel durch die Hilfstafeln ausgeglichen wird.

Die Preßlerschen Stufen entsprechen nebenstehenden Exponenten seiner
Formel und annähernd den beigefügten Konstanten der Schneiderschen
For mel[2]):

Stufe nach Preßler	Exponent der Formel	Konstante der Schneiderschen Formel
I	2	400
II	$2^1/_3$	450
III	$2^2/_3$	550
IV	3	600
V	$3^1/_3$	675

Die Schwierigkeit für ihre Anwendung liegt in der Unmöglich=
keit, bei der Preßlerschen Formel den jeweils einzuführenden Ex=
ponenten bei jener von Schneider die Konstante sicher zu be=
stimmen.

Selbst bei regelmäßigen Beständen sind die Unterschiede im
Verhältnis des Stärkezuwachses zum Massenzuwachs zwischen den
einzelnen Stämmen doch ungemein bedeutend. Bei einer Unter=
suchung über diese Verhältnisse[3]) hat sich ergeben, daß die Grenzen,
innerhalb welcher das Verhältnis des Stärkezuwachsprozentes zum
Massenzuwachsprozent schwankt, viel weiter sind, als gewöhnlich
angenommen wird. Sie waren hierbei nicht: 2 und 3,5, sondern 2,23
und 6,37; im allgemeinen nimmt der Quotient $\dfrac{\text{Massenzuwachsprozent}}{\text{Stärkezuwachsprozent}}$

---

[1]) Die Schneidersche Formel sowohl als auch jene von Preßler lassen
sich aus einer älteren von König angegebenen ableiten, welche dieser in Laurops
Jahrbüchern 1823 veröffentlicht hat.

[2]) Stötzer, Forsteinrichtung, S. 110.

[3]) Schwappach, Über Zuwachsprozente, Zeitschr. f. Forst= u. Jagdwesen
1888, S. 467.

mit dem Alter ab; in welcher Weise jedoch diese Abnahme erfolgt, ist bis jetzt noch nicht ermittelt. In der gleichen Untersuchungsreihe varriierten die Schneiderschen Konstanten zwischen 928 und 457, welche Extreme bemerkenswerter Weise in dem gleichen Bestande vorkamen.

Im allgemeinen läßt sich nur sagen, daß die Exponenten oder die Konstanten um so höher sind, je jünger und wuchsfreudiger das betr. Individuum ist. In angehend haubaren (jedoch nicht in überalten) Beständen von mittleren Schlußverhältnissen wird man je nach den Verhältnissen der Exponenten 2½—3 und die Konstanten 500—600 anwenden, hat jedoch wohl zu berücksichtigen, ob in der letzten Zeit solche wirtschaftliche Operationen am Bestand vorgenommen worden sind, welche das Verhältnis des Stärkezuwachses in Brusthöhe gegen jenen in den mittleren Stammpartien erheblich verändert haben.

II. Zuwachsermittelung an Beständen.

§ 62. Einleitung.

Während es möglich ist, am Einzelstamm den Entwickelungsgang der Masse und der einzelnen massenbildenden Faktoren für jede beliebige, rückwärts gelegene Periode, sowie für das Gesamtalter mit aller Schärfe zu verfolgen, gibt es keine Methode, welche gestattet, mit der gleichen Exaktheit die nämlichen Untersuchungen an einem Bestand auszuführen.

Der Grund hierfür liegt in dem Abgang an Stämmen, welcher aus verschiedenen Ursachen fortwährend erfolgt.

Analysen von Probestämmen zeigen stets nur den Entwickelungsgang der jetzt noch vorhandenen Individuen, geben dagegen keinen Aufschluß bezüglich der sogenannten Ergänzungsstämme, welche mit jenen zusammen den Vollbestand in den früheren Lebensaltern gebildet haben.

Nur der Gang des Höhenwachstumes läßt sich mit einiger Sicherheit aus der Analyse der Probestämme des dermaligen Bestandes ableiten.

Wenn man von der im großen und ganzen zutreffenden Annahme ausgeht, daß die höchsten Stämme des jugendlichen Bestandes in den späteren Lebensaltern von den schwächeren nicht mehr überholt werden, so kann man das Mittel aus den Höhenanalysen der

Probestämme als jene Größe betrachten, welche dem Durchschnitt der höchsten Stämme dieses Bestandes in den früheren Lebensaltern, der Oberhöhe, entspricht. Um vollständig sicher zu gehen, zieht man nicht die Probestämme aus sämtlichen Klassen, sondern nur jene aus den stärksten und damit auch höchsten Klassen für diese Untersuchung heran. Bezüglich der Abgrenzung der Klasse, deren Höhe als Oberhöhe betrachtet wird, stimmen die Ansichten der Autoren nicht ganz überein.

Es ist nun zuerst von Weise nachgewiesen worden, daß zwischen dem Gang der Oberhöhe und jenem der Mittelhöhe ein gesetzmäßiger Zusammenhang besteht, so daß es möglich ist, aus der einen die andere abzuleiten.

Für die Kiefer in Norddeutschland gilt z. B. nach meinen Ermittelungen folgendes Verhältnis:

Mittelhöhe	Ober-höhe[1]	Differenz	Mittelhöhe	Ober-höhe[1]	Differenz
m	m	dcm	m	m	dcm
6	6,2	2	18	18,9	9
8	8,3	3	20	21,0	10
10	10,5	5	22	23,0	10
12	12,6	6	24	24,9	9
14	14,7	7	26	26,8	8
16	16,8	8	28	28,7	7

Bei den Schattenholzarten, wo noch im mittleren Lebensalter bis dahin zurückgebliebene Stämme beim Genuß reichlicheren Lichtes sich späterhin zu herrschenden Stämmen entwickeln können, tritt der Zusammenhang zwischen dem Verlauf von Mittel- und Oberhöhe nicht so gesetzmäßig hervor, wie bei Lichtholzarten. Bezüglich der Kreisfläche und der Masse bestehen solche direkt festzustellenden Beziehungen nicht.

Man kann daher an einem Bestand durch unmittelbare Untersuchung niemals dessen Zusammensetzung und Beschaffenheit in früheren Lebensaltern nach Stammzahl, Stammgrundfläche und Masse ermitteln, sobald wegen der Länge der betr. Periode nennenswerter Abgang an Stämmen in Betracht gezogen werden muß. Das Gleiche gilt für die Zuwachsermittelung nach vorwärts. Die

---

[1] Mittelhöhe der stärksten, jeweils 20% der Stammzahl des Bestandes umfassenden Klasse.

an einem Bestand ermittelten Beträge des gegenwärtigen laufend-
jährlichen Zuwachses können ebenfalls nur zur Berechnung des
künftigen Zuwachses während kurzer, meist zehn Jahre nicht über-
schreitender, Zeitabschnitte benutzt werden.

Sobald es sich um die Feststellung des Zuwachsganges für
längere Zeitabschnitte handelt, sei es nach vorwärts oder nach rückwärts, ist man daher auf Vergleich mit dem Wachstumsgang von Beständen, welche auf ähnlichen Standorten stocken und die gleiche
wirtschaftliche Behandlungsweise genießen, angewiesen. Zu diesem
Zweck dienen die weiter unten zu besprechenden Ertragstafeln.

§ 63. Zuwachsermittelung durch direkte Messung.

Die Herleitung des Zuwachses aus den Vorräten am Anfange
und am Schlusse der Periode unter Berücksichtigung der in der
Zwischenzeit erfolgten Nutzungen und sonstigen Abgangs nach der
Formel:

$$Z = (V_f + N) - V_r$$

worin N die bezogenen Nutzungen bedeutet, war bisher fast ausschließlich für wissenschaftliche Untersuchungen gebräuchlich. Diese
Methode gewinnt aber in dem Maße an Bedeutung, als blender-
waldartige Formen der Waldbehandlung an Ausdehnung zunehmen, und infolgedessen statt und neben der Fläche: Vorrat und
Zuwachs die Grundlage der aus dem Walde zu ziehenden Erträge
bilden müssen.

So einfach anscheinend dieses Verfahren ist, so schwierig gestaltet
sich seine Durchführung im großen Betriebe.

Als Ursachen kommen folgende Momente in Betracht:

Von den massenbildenden Faktoren: G, H und F kann nur die
Stammgrundfläche mit genügender Sicherheit ermittelt werden,
obwohl auch ihre Feststellung auf ausgedehnten Flächen und in
kurzen Zeitabständen von etwa 10 Jahren umständlich ist und vor
allem auch einen größeren Genauigkeitsgrad erfordert, als vielfach
angenommen wird und sich in der Praxis erreichen läßt.

Noch schwieriger gestaltet sich die Feststellung der Höhe, namentlich
bei Beständen mit blenderwaldartigem Charakter, in denen eine
Mittelhöhe mit Zuverlässigkeit überhaupt nicht festgestellt werden
kann und man gezwungen ist die Höhen als Funktionen des Durchmessers durch Höhenkurven (vgl. oben S. 67) abzuleiten.

Die Ermittelung der Formzahlen würde umfangreiche Probe=
stammfällungen erfordern, die in der Praxis nicht durchführbar
sind und bei dem starken Schwanken der Formzahlen doch nur einen
ungenügenden Grad von Genauigkeit ermöglichen könnten. Man ist
deshalb genötigt, die Massenermittelung mit Hilfe der Massentafeln
durchzuführen (vgl. oben S. 67). Aber auch diese besitzen den Nach=
teil, daß die Ableitung von Höhenkurven für die wiederholten Auf=
nahmen durch Messung stehender Stämme bei kurzen Perioden und
in älteren Beständen mit geringem Höhenzuwachs sehr unzuver=
lässig ist.

Da nun alle Fehler der Massenermittelung in erheblich stärkerem
Maße beim Zuwachs zum Ausdruck gelangen, so folgt, daß diese
Methode nur mit großer Vorsicht und bei großer Sorgfalt angewendet
werden darf, wenn Fehler von $\pm$ 50% und selbst von mehr bei Er=
mittelung des Zuwachses vermieden werden sollen.

Recht störend wirkt ferner der Umstand, daß die Masse der in der
Zwischenzeit genutzten Stämme im liegenden Zustand, also mit
dem früher (S. 86) besprochenen Verlust, zu dem häufig noch der
Ausfall der Rinde kommt, ermittelt wird, außerdem werden stets
nicht verbuchte Abgänge durch Diebstahl, Unvorsichtigkeit der Holz=
hauer usw. vorkommen, lauter Momente, die oft recht erhebliche
Fehlerquellen bilden können.

Biollay[1]) sagt aus diesem Grunde, es wäre am zweckmäßigsten,
bei der Zuwachsberechnung nicht von der Masse, sondern von der
mit Sicherheit festzustellenden Grundfläche auszugehen. Er benutzt
deshalb zur Massenberechnung Massentafeln (tarif) nach französi=
schem System, welche die Formhöhe (hf) als Funktion des Durch=
messers behandeln, also die Ableitung von Höhenkurven unnötig
machen. Weiter verlangt Biollay zur Ausschaltung des Fällungs=
und Rindenverlustes, daß von jedem genutzten Stamm die Durch=
messer in Brusthöhe ermittelt, also seine Masse für die Zuwachs=
berechnung nicht nach dem Ergebnis der Aufarbeitung sondern nach
den Angaben der Massentafel angesetzt wird

Wegen eines Verfahrens der Zuwachsermittelung bei wissenschaft=
lichen Untersuchungen, welches die angegebenen Fehlerquellen
vermeidet, wird auf die Darstellungen S. 79 und die dort ange=
führten Literatur verwiesen.

---

[1]) Biollay, La Méthode du Contrôle, Neuenburg 1921.

§ 64. Zuwachsermittelung mit Hilfe des Zuwachs-prozentes.

Wenn die Zuwachsprozente und die gegenwärtigen Massen sämtlicher Bäume oder doch wenigstens einer genügenden Anzahl von Klassen-Probestämmen bekannt sind, so kann man hieraus die Zuwachsleistungen dieser Stämme und damit auch jene des ganzen Bestandes ableiten.

Derartige Untersuchungen werden jedoch nur für den Zweck wissenschaftlicher Arbeiten und namentlich behufs Feststellung des Zuwachsganges nach rückwärts für längere oder kürzere Perioden durchgeführt. Zu beachten ist hierbei namentlich der Umstand, daß die Mittelstämme der Masse nicht auch ohne weiteres den Mittelwert des Zuwachses der betr. Klasse betrachtet werden dürfen. Man muß deshalb entweder eine genügend große Anzahl von Probestämmen untersuchen oder ihre Brauchbarkeit als Zuwachs-Mittelstämme erst besonders feststellen.

Für die meisten taxatorischen Arbeiten werden die nötigen Messungen an solchen stehenden Stämmen ausgeführt, welche die mittleren Wachstumsverhältnisse des Bestandes repräsentieren.

Nach den Untersuchungen von A. König, Steppuhn und Michaelis scheint es, daß die Zuwachsermittelungen an 10—20 ziemlich willkürlich herausgegriffenen Mittelstämmen schon ganz gute Durchschnittswerte für einen annähernd gleichartigen Bestand liefern. Nach Bertog ergibt der Zuwachsbohrer meist etwas zu große Resultate.

Wenn eine größere Anzahl von Probestämmen benutzt wird, dann ist es für die Bestimmung des Bestandeszuwachsprozentes nicht notwendig, daß an jedem Stamm mindestens zwei Untersuchungen an einander gegenüber liegenden Punkten vorgenommen werden, wie es bei Ermittelung des Zuwachsprozentes für den einzelnen Stamm geschehen muß, sondern es genügt eine einmalige, den Angriffspunkt ganz dem Zufalle anheimgehende Bohrung.

In der Mehrzahl der Fälle finden diese Ermittelungen des Zuwachses an stehenden Stämmen statt. Die Ableitung des Zuwachsprozentes des betr. Baumes sowie weiterhin des Bestandes ist also mit dem Maß von Unsicherheit behaftet, welches bereits früher bei Darstellung des Zusammenhanges zwischen den Zuwachsprozenten der Stammgrundfläche und der Baummasse besprochen wurde.

Dieser Umstand führt dazu, der Regel nach diese Rechnung unter Annahme der Minimalstufe des Zuwachses (Konstante 400 bei

Schneider oder Stufe I von Preßler) auszuführen, um keine zu hohen Ergebnisse zu erhalten.

Wenn auch Vorsicht bei allen derartigen Arbeiten durchaus am Platze ist, so erscheint es doch ungerechtfertigt, einen geringeren Zuwachs anzunehmen als mit Bestimmtheit erwartet werden darf. Dieser ist aber auch in haubaren Beständen, soweit sie noch nicht überalt sind, der Regel nach größer und entspricht, wie früher bemerkt, meist etwa den Preßlerschen Stufen II und III (Exponent $2^1/_3$ und $2^2/_3$) sowie den Konstanten 450—550 der Schneiderschen Formel.

Das Zuwachsprozent des Bestandes wird meist als Durchschnitt der an den Einzelstämmen gefundenen Prozente berechnet.

Etwas genauer wird das Ergebnis bei der Berechnung nach einer von Borggreve[1]) gegebenen Anleitung, welche von dem Flächenzuwachsprozent der untersuchten Stämme ausgeht, weil sie die Größe der Stammgrundflächen und damit auch jene der Volumine berücksichtigt.

Wie oben bereits angegeben, ist für kurze Zeiträume der Zuwachs:

$$z = \frac{mp}{100}$$

Setzt man: $\qquad v = \frac{\pi}{4} d^2$ und $p = \frac{400}{nd}$

$$\text{so wird: } z = \frac{\frac{\pi}{4} d^2}{100} \cdot \frac{400}{nd}$$

Das Zuwachsprozent für sämtliche Querflächen eines Bestandes ist alsdann:

$$100 : P = \left(\frac{\pi}{4} d_1^2 + \frac{\pi}{4} d_2^2 + \cdots \right) : \left(\frac{\frac{\pi}{4} d_1^2}{100} \cdot \frac{400}{n_1 d_1} + \frac{\frac{\pi}{4} d_2^2}{100} \cdot \frac{400}{n_2 d_2} + \cdots \right)$$

$$100 : P = (d_1^2 + d_2^2 + \cdots) : \left(\frac{4 d_1}{n_1} + \frac{4 d_2}{n_2} + \cdots \right)$$

$$P = \frac{100 \cdot \Sigma \frac{4d}{n}}{\Sigma d^2}$$

---

[1]) Borggreve, Die Forstabschätzung, Berlin 1888, S. 42.

Durch Einführung anderer Konstanten als 400 ist die Borggreveſche Formel derſelben Modifikation fähig wie jene von Schneider und kann in dieſer Weiſe den jeweiligen Zuwachsverhältniſſen angepaßt werden.

Behufs bequemerer Ausführung der Rechnung hat Borggreve folgendes Schema empfohlen:

n	d	d_2	$\frac{4}{n}d$
1	2	3	4
Sa:			

An jeder Querfläche ſollen n und d gemeſſen und in Spalte 1 und 2 des Schemas untereinander eingetragen werden, dann erfolgt für die beiden letzten Spalten die Berechnung von d^2 und $\frac{4}{n}d$, ſchließlich wird die Summe von Spalte 3 und 4 gezogen. Das mittlere Flächenzuwachsprozent iſt alsdann gleich:

$$\frac{100 \times \text{Sa. der Spalte 4}}{\text{Sa. der Spalte 3.}}$$

Da das Zuwachsprozent nur an liegenden Stämmen ſicher feſtgeſtellt werden kann, ſo muß jede Gelegenheit benutzt werden, das am ſtehenden Beſtand ermittelte Zuwachsprozent durch Meſſung an liegenden Stämmen zu kontrollieren und nach Bedarf zu berichtigen.

Zu dieſem Zweck dienen in erſter Linie die Fällungen von Probeſtämmen, ſowie die Aufhiebe von Wegen und Geſtellen.

Ein beſonders wichtiges Hilfsmittel bieten ferner vergleichende Unterſuchungen an Schlägen unter Berückſichtigung des Alters, Standortes und der wirtſchaftlichen Verhältniſſe. Bei taxatoriſchen Arbeiten ſollte dieſes ſtets zur Verfügung ſtehende Kontrollmittel niemals außer Acht gelaſſen werden.

Weitere wertvolle Anhaltspunkte liefern die Angaben der Ertragstafeln über die Zuwachsprozente. Wenn dieſe auch Durchſchnittswerte enthalten, ſo werden etwa vorkommende erhebliche Abweichungen doch immerhin zu einer nochmaligen Prüfung und zur Erwägung veranlaſſen, ob die konkreten Verhältniſſe von den normalen, welche der Ertragstafel zu Grunde liegen, ſoweit verſchieden ſind, um ſolche Unterſchiede zu begründen.

Unterſchiede im Schlußgrad brauchen jedoch keineswegs ängſtlich berücksichtigt zu werden, da der Abgang einzelner stärkerer Stämme infolge des hierdurch veranlaßten Lichtstands-Zuwachses ihrer Umgebung nahezu ausgeglichen werden. Außerdem ist noch zu bedenken, daß der Schlußgrad meist unterschätzt wird[1]).

Anders liegen selbstverständlich die Verhältnisse, wenn es sich um die Ermittelung des Zuwachsprozentes in Beständen handelt, welche sich in natürlicher Verjüngung befinden, oder bei denen aus irgend einer anderen Ursache ein stärkerer Eingriff in die Bestandesmasse stattgefunden hat sowie im Mittelwald. Hier ist die Bestimmung nur durch direkte Untersuchung möglich unter sorgfältiger Beachtung des Umstandes, daß das Verhältnis des Zuwachses in Brusthöhe zu jenem in der Stammitte bei derartigen Beständen anders ist, als in geschlossenen gleichaltrigen Orten.

Bei der Anwendung des Zuwachsprozentes zur Massenermittelung nach vorwärts, ist zu berücksichtigen, daß auch das Zuwachsprozent des Bestandes entsprechend dem Zuwachsprozente der einzelnen Stämme fortwährend sinkt. In den Altersperioden, für welche diese Berechnung in der Praxis der Regel nach angewendet wird, ist diese Änderung indessen nur eine langsame.

So beträgt z. B. das laufend-jährliche Zuwachsprozent an Derbholz auf II. Standortsklasse

im Alter:	90	100	110	120
für Kiefer:	1,8	1,5	1,3	1,1
„ Fichte:	2,1	1,8	1,6	1,3

Bei Beständen von 100 und mehr Jahren kann man daher das gegenwärtig laufend-jährliche Zuwachsprozent zur Berechnung des Zuwachses für die nächsten 10 Jahre, wie es meist üblich ist, verwenden, ohne einen erheblichen Fehler zu begehen. Die wahrscheinliche Abweichung vom richtigen Zuwachsprozent beträgt höchstens etwa 10%, um welche letzteres zu hoch ermittelt wird.

Bei genauer Arbeit macht man daher zweckmäßig von dem ermittelten Prozent selbst zur Berechnung des Zuwachses für die nächste 10jährige Periode einen entsprechenden Abzug.

Wenn das Zuwachsprozent P bekannt ist, so erhält man den Zuwachs Z nach der Formel:

$$Z = \frac{VP}{100} \cdot n$$

---

[1]) Weise, Studien über den Schluß der Bestände und seine Einwirkung auf den Zuwachs. Zeitschr. f. Forst- u. Jagdwesen 1889, S. 130.

Im vorstehenden ist die Zuwachsberechnung mit Hilfe von Prozenten in der Weise vorgetragen worden, wie sie bei taxatorischen Arbeiten angewendet zu werden pflegt. Selbstverständlich kann aber auch die Zuwachsleistung für beliebig lange Perioden nach vorwärts und rückwärts in Form von Prozenten ausgedrückt werden, was für die Zwecke wissenschaftlicher Untersuchungen gelegentlich erwünscht ist. Die hierzu erforderlichen Formeln lassen sich aus den mitgeteilten unschwer ableiten.

Für manche Zwecke, namentlich für nur schätzungsweise Berechnung des Zuwachses ist die Kenntnis der Zuwachsprozente erwünscht, ohne daß hierfür besondere Ermittelungen angestellt werden. In solchen Fällen leisten die in den Ertragstafeln enthaltenen Angaben der Zuwachsprozente gute Dienste.

§ 65. Zuwachsschätzung nach dem Durchschnittszuwachs.

Wie bereits ausgeführt worden ist, steigt der Durchschnittszuwachs eines Bestandes im Anfang ziemlich rasch, ändert sich in der Periode kurz vor und nach seiner Kulmination sehr wenig und nimmt auch dann zunächst langsam, später aber schneller ab. Wenn es sich also darum handelt, anzugeben, wie groß der Zuwachs eines älteren, angehend haubaren oder haubaren Bestandes für die nächste, nicht allzulange Periode (von etwa 10—20 Jahren) sein wird, so kann man den gegenwärtigen Durchschnittszuwachs entweder ganz unverändert oder doch nur mit ganz geringem Abzug als laufendjährlichen Zuwachs dieses Zeitraumes annehmen.

Die Kulmination des Durchschnittszuwachses am verbleibenden Bestand sowohl als auch der gesamten Zuwachsleistung (verbleibender und ausscheidender Bestand zusammen) fällt jedoch in Altersstufen, welche niedriger sind, als die üblichen Abtriebsalter.

Er erreicht sein Maximum z. B. bei der Kiefer zwischen 70 und 80, bei der Fichte zwischen 60 und 70, bei der Buche zwischen 75 und 90 Jahren.

Für ältere Bestände hat man daher bereits mit abnehmendem Durchschnittszuwachs zu rechnen, das Sinken erfolgt jedoch wenigstens anfangs nur sehr langsam.

Der Verlauf des Durchschnittszuwachses an Derbholz der Gesamtmasse ist z. B. auf II. Standortsklasse folgender:

Alter:	70	80	90	100	110	120
Kiefer	6.5	6.5	6.5	6.4	6.3	6.1 fm
Fichte	9.6	10.3	10.3	10.6	10.5	10.4 „
Buche	6.0	6.4	6.5	6.6	6.7	6.7 „

Für jüngere Bestände ist die Angabe des Haubarkeitsdurch=
schnittszuwachses lediglich eine Modifikation des Verfahrens der Zu=
wachsermittelung nach Ertragstafeln, indem man statt des Vorrates
im Abtriebsalter den betreffenden Durchschnittszuwachs unter Be=
rücksichtigung der konkreten Standorte benutzt.

Seitdem Ertragstafeln auf Grund sorgfältiger Ermittelungen
vorliegen, ist diese Art der Zuwachsschätzung fast vollständig außer
Übung gekommen.

Für die Zwecke der Betriebsregelung besitzt der Durchschnitts=
zuwachs des Hauptbestandes ungleich geringere Bedeutung als der
laufendjährliche Zuwachs der Gesamtmasse, da letzterer die Ge=
samterzeugung (verbleibenden und ausscheidenden Bestand) ge=
meinschaftlich berücksichtigt und daher namentlich für die Hiebsreife
der Bestände die wichtigsten Anhaltspunkte liefert.

§ 66. Aufrechnung des progressionsmäßig verringerten
Zuwachses.

Wenn ein Bestand innerhalb einer Periode von n Jahren in
regelmäßiger Hiebsfolge allmählich abgetrieben werden soll, so
stellt der Zuwachs für diesen Zeitraum nahezu eine fallende arith=
metische Reihe dar.

Erfolgt die erstmalige Nutzung am Ende des ersten Jahres dieser
Periode, so ist der gesamte periodische Zuwachs

$$Z_1 = (a + u)\,\frac{n}{2}$$

worin a den Zuwachs der vollen Bestandesmasse im ersten Jahr,
u jenen während des letzten Jahres und gleichzeitig die Differenz
zwischen den einzelnen Gliedern, n die Anzahl der Jahre der Ab=
triebsperiode bedeutet.

Würde die erste Nutzung sofort bei Beginn der Periode erfolgen,
so würde der Bestand nur noch n—1 Jahre wachsen und der Zu=
wachs im ersten Jahre oder das erste Glied wäre (a—u).

Die Gesamtleistung wäre in diesem Falle:

$$Z_2 = \frac{n-1}{2}\,[(a-u)+u)] = a\,\frac{n-1}{2}$$

da

$$a = u \cdot n$$

so ist

$$Z_2 = \frac{an}{2} - \frac{un}{2} = (a-u)\,\frac{n}{2}.$$

Cotta machte bereits den Vorschlag, das Mittel von beiden Werten, nämlich $\frac{an}{2}$ bei der Berechnung des progressionsmäßig abnehmenden Zuwachses zugrunde zu legen, so daß also der Gesamtzuwachs für die Abtriebsperiode gefunden wird, durch Multiplikation des laufend-jährlichen Zuwachses zu Beginn der Periode mit der halben Anzahl der Jahre der Periode. In dieser Weise wird die Rechnung für die Zwecke der Forsteinrichtung vielfach durchgeführt.

Diese Vorschrift entspricht jedoch nur beim Kahlschlagebetriebe der Wirklichkeit, da bei Naturverjüngung durch die lichtere Stellung der Schläge in der Regel eine, allerdings nach Holzart, Alter, und den sonstigen Verhältnissen verschiedene Steigerung des bisherigen Zuwachses der verbleibenden Stämme eintritt, so daß die Minderung infolge der Abnutzung hierdurch mehr oder minder ausgeglichen wird, was namentlich bei Buchen und Weißtannen sehr ins Gewicht fällt.

§ 67. Begriff der Ertragstafeln.

Der Zuwachsgang einer Holzart läßt sich durch Kurven darstellen, deren Abszissen die fortschreitenden Altersjahre, deren Ordinaten aber die den letzteren entsprechenden Massen, Höhen, Formzahlen, laufendjährlicher Zuwachs usw. sind, je nachdem man das eine oder andere dieser Elemente in Betracht zieht.

Der Gang dieser Kurven ist verschieden nach Holzart, Standortgüte und wirtschaftliche Behandlungsweise, man kann daher nicht aus einer Zuwachskurve die anderen ableiten. Da die Standortsbeschaffenheit in der Natur zwar vielfach wechselt, aber keine schroffen Sprünge aufweist, sondern allmähliche Übergänge zwischen den besten und geringsten Standorten bestehen, so ist es stets von den jeweils maßgebenden Erwägungen abhängig, wie viele Ertragsklassen ausgeschieden und der Aufstellung von Zuwachskurven zugrunde gelegt werden sollen. Für die Hauptholzarten werden gewöhnlich 5 typische Formen der Standortsgüte (Bonität) und der hiervon abhängigen Bestandesbeschaffenheit unterschieden. Für minder wichtige Holzarten genügt auch eine geringere Anzahl von Klassen (etwa 3). Letzteres wird aber im Laufe der Zeit auch für einige der wichtigeren Holzarten, namentlich für die Buche, dann der Fall sein, wenn sie aus Rücksichten der Rentabilität von den geringsten Böden, welche sie heute noch inne haben, wenigstens in der Form von reinen Beständen verschwunden sind, für das übrige Vorkommen aber die Ausscheidung von 5 charakteristischen Typen nicht mehr möglich ist oder wenigstens nicht mehr lohnt.

Diese Zuwachskurven sind graphische Darstellungen des Inhaltes der Ertragstafeln, in welchen die Beobachtungen über den Entwickelungsgang der Bestände ziffernmäßig zusammengestellt sind.

Unter Ertragstafeln versteht man tabellarische Darstellungen des Wachstumsganges einer Holzart für bestimmte Wirtschaftsformen, welche die Massen und Zuwachsgrößen, sowie in der Regel auch die massenbildenden Faktoren: Stammzahl, Stammgrundfläche, Bestandesmittelhöhe, Formzahl usw. für die einzelnen Altersstufen und die Flächeneinheit (Hektar) getrennt nach Ertragsklassen, sowie unter Voraussetzung normaler Bestockung und Entwickelung enthalten.

Normale Bestände sind nach der Definition der Ver. d. forstl. Vers-Anst. solche, welche nach Maßgabe der Holzart und des Standortes bei ungestörter Entwickelung auf größeren Flächen, (0,25 ha Minimum) als die vollkommensten zu betrachten sind.

Ertragstafeln, welche nur für ein kleineres Gebiet mit gleichartigen Wachstums- und Wirtschaftsverhältnissen entworfen sind, bezeichnet man als lokale, im Gegensatz zu den allgemeinen, für deren Aufstellung das Material aus einem größeren Gebiete mit verschiedenartigen Wachstumsverhältnissen erhoben worden ist.

Innerhalb der meist sehr weiten Verbreitungsgebiete unserer Hauptholzarten sind in den geographisch oder politisch abgegrenzten Bezirken, für welche jeweils Ertragstafeln bearbeitet werden, nur ausnahmsweise alle Wachstumstypen in solchem Maße vertreten, daß sie entsprechend berücksichtigt werden können. Beispiele hierfür sind u. a. namentlich die Ertragstafeln für die Fichte in Norddeutschland, Süddeutschland und in der Schweiz, hier wieder für Hügelland und Gebirge[1]). Insofern besitzen wohl alle Ertragstafeln nur örtliche Bedeutung. Soweit unsere Kenntnisse reichen, können aber Ertragstafeln aus anderen Gebieten doch verwendet werden,

---

[1]) Vgl. Flury, Ertragstafeln für die Fichte und Buche der Schweiz, Zürich 1907 und meine Besprechung in der Zeitschrift für Forst- und Jagdwesen 1908, S. 672.

wenn man als Weiser der Standortsgüte die Mittelhöhe benutzt und sich nicht ängstlich an die Bezeichnung der Standortsklasse als z. B. II oder III klammert. Es kann also eine Ertragstafel für Eiche mit 30 m Mittelhöhe im Alter von 150 Jahren für alle derartigen Bestände gelten, unabhängig davon ob sie in einem Gebiete als für Standorte I., in einem anderen als Standorte II. Güte bezeichnet werden[1]). Der Wachstumsgang zeigt trotzdem nach unseren bisherigen Beobachtungen nur bei sehr abweichenden Standortsverhältnissen grundsätzliche Verschiedenheiten (Fichte der Schweiz, im Hügelland und Gebirge!).

Neben dem Standort spielt aber auch die wirtschaftliche Behandlungsweise eine wichtige Rolle. Fast alle unsere Ertragstafeln gelten für gleichaltrig erzogene, nicht sehr stark durchforstete Bestände. Daß sehr starke Durchforstungen einen wesentlichen Einfluß auf den Wachstumsgang ausüben können, habe ich in meinen Ertragsuntersuchungen für die Rotbuche gezeigt. Die Verschiedenheiten der Ertragstafeln für die Weißtanne in Württemberg und Baden sind wenigstens zum großen Teil auf die verschiedene Erziehungsweise (gleichaltrig und ungleichaltrig) zurückzuführen.

Unzweifelhaft sind aber innerhalb eines einzelnen Landes, z. B. Deutschland, die Einflüsse der wirtschaftlichen Behandlungsweise auf den Wachstumsgang erheblich beträchtlicher, als die Einwirkungen der wechselnden klimatischen Verhältnisse.

Die erste Anleitung zur Aufstellung von Ertragstafeln rührt von Réaumur aus dem Jahre 1721 her. In Deutschland hat Oettelt 1765 zuerst einen derartigen Vorschlag gemacht, während Paulsen 1787 die ersten Ertragstafeln in unserem Sinne wirklich aufgestellt hat. Auch Hennert bringt in seiner „Anweisung zur Taxation der Forsten" 1791, Angaben über die Haubarkeitserträge für Kiefern und für Niederwaldungen. Seit Beginn des 19. Jahrhunderts folgten alsdann zahlreiche Tafeln von: G. L. Hartig, H. Cotta, Hundeshagen, Pfeil, Grebe usw. Besondere Aufmerksamkeit ist den Ertragsuntersuchungen von Seiten der forstlichen Versuchsanstalten gewidmet worden.

§ 68. Methoden zur Aufstellung von Ertragstafeln.

1. Wiederholte Aufnahme desselben Bestandes.

Wenn man den Wachstumsgang der Bestände genau verfolgen will, so wäre anscheinend die fortwährende Beobachtung einer oder

---

[1]) Vgl. Schwappach, Untersuchungen über die Zuwachsleistungen von Eichenhochwaldsbeständen in Preußen, 2. Teil, Neudamm 1920, S. 19 (Vergleich der Zuwachsleistungen der Eiche in Hessen und Preußen).

mehrerer sorgfältig ausgewählter Probeflächen das beste Mittel, namentlich deshalb, weil auf diese Weise die Gleichheit der Bonität am besten gewahrt ist.

Man müßte aber eine ganze Umtriebszeit warten, bis die Tafeln fertig sein würden, während man doch solche möglichst bald zu erhalten wünscht. Außerdem kommt auch noch in Betracht, daß innerhalb eines solchen Zeitraumes die Ansichten über die zweck=mäßigste wirtschaftliche Behandlung der Bestände wechseln und die so gewonnenen Resultate alsdann doch den konkreten Verhält=nissen nicht entsprechen würden.

2. Wiederholte Aufnahme mehrerer Bestände verschiedenen Alters.

Um rascher zum Ziel zu kommen, wurde von Carl und Eduard Heyer vorgeschlagen, für die einzelnen Standortsklassen Probe=flächen verschiedenen Alters mit gleichen Abständen etwa von 20 zu 20 Jahren, oder wenn dieses nicht möglich ist, mit ungleichen Altersabstufungen auszuwählen und an jeder nur ein Stück der Wachs=tumskurve zu beobachten, so daß durch ihre Kombination der ganze Entwickelungsgang dargestellt wird.

Um eine Bürgschaft dafür zu haben, daß die Bestände wirklich der gleichen Standortsklasse angehören, wurde verlangt, daß die Massen der verschiedenen als Repräsentanten ausgewählten Bestände im gleichen Alter die nämlichen seien.

Auch diese Methode erfordert lange Zeiträume für Aufstellung einer Ertragstafel, außerdem schließen sich aber auch die Kurven=stücke, welche sich aus der Beobachtung der Bestände ergeben, keines=wegs stets so lückenlos aneinander, wie theoretisch vorausgesetzt wird.

3. Ableitung von Ertragstafeln aus der einmaligen Aufnahme verschiedenaltriger Bestände.

Da der Wunsch und das Bedürfnis vorliegt, möglichst rasch in den Besitz von Ertragstafeln zu gelangen, so hat man schon im 18. Jahrhundert den Versuch gemacht, aus der Aufnahme verschieden=altriger Bestände ungleicher Standortsgüte Ertragsreihen abzu=leiten. Diese Methoden sind dann gegen das Endes des 19. Jahr=hunderts weiter ausgebaut worden.

Selbst dem gewandtesten und geübtesten Taxator ist es nicht mög=lich, rein gutachtlich die Probeflächen in der Weise als typische Re=

präsentanten der ja immerhin willkürlich ausgeschiedenen Standortsklassen auszuwählen, daß beim Auftragen ihrer Massen als
Ordinaten für die entsprechenden Alter als Abszissen, durch Verbindung der Ordinatenendpunkte sofort eine brauchbare Zuwachskurve entstünde, sondern es sind hierfür stets gewisse Anhaltspunkte
erforderlich. In Bezug auf letztere lassen sich zwei prinzipiell verschiedene Methoden unterscheiden, nämlich einerseits das sogenannte
Weiserverfahren, und andererseits das Verfahren von Baur
(Streifenverfahren).

Das Weiserverfahren gründet sich auf die Tatsache, daß der ältere
Bestand aus dem jüngeren hervorgegangen ist, und es also möglich
sein muß, durch Analyse von Probestämmen, welche nach verschiedenen Gesichtspunkten ausgewählt werden, die Masse oder die
massenbildenden Faktoren abzuleiten, welche die Stämme eines
haubaren Bestandes (Weiserbestand) in den früheren Lebensaltern besessen haben. Wenn zwischen diesen auf dem Wege der
Analyse ermittelten Daten und den gegenwärtigen entsprechenden
Elementen eines jüngeren Bestandes Übereinstimmung besteht,
dann wird vorausgesetzt, daß die verschiedenen Bestände einer Ertragsreihe angehören und ferner, daß sowohl der ältere Bestand im
jüngeren Alter dieselbe Masse usw. gehabt habe wie der Vergleichs-
bestand, als auch, daß letzterer im späteren Alter sich ebenso verhalten werde, wie der Weiserbestand.

Seutter machte schon 1799 den Versuch, auf dem Wege von Stammanalysen
den Zuwachsgang der Bestände zu ermitteln und darzustellen, auch Hoßfeld gab
1823 eine Anleitung, die Höhen, Stärken und Holzmassen in den früheren Alters-
epochen durch Stammanalysen abzuleiten. Das erste durchgebildete Weiserverfahren rührt von dem bayerischen Salinenforstinspektor Huber her, welcher
1824 lehrte, man solle in einem normalen haubaren Weiserbestand die Stärke
des Mittelstammes in den früheren Altersperioden erheben. Bestände, deren
Mittelstämme im entsprechenden Alter die gleiche Stärke hätten wie der Weiserbestand, besäßen auch den gleichen Standort bzw. gehörten einer Ertragsreihe an.

Das Huber'sche Verfahren ist deshalb unrichtig, weil durch Analyse des
gegenwärtigen Mittelstammes nicht jener der jüngeren Bestände abgeleitet werden
kann. Dieser muß wegen der noch vorhandenen Ergänzungsstämme um so geringer sein als jener, je jünger der Bestand ist.

Neuerdings hat Gehrhardt[1]) wieder ein Verfahren vorgeschlagen, den
arithmetischen Mittelstamm zur Ableitung von Ertragstafeln zu benutzen.

Robert Hartig vergleicht (unter Weiterbildung der von seinem
Vater Theodor Hartig angegebenen Methode) hauptsächlich die

---

[1]) Gehrhardt, Die theoretische und praktische Bedeutung des arithmetischen
Mittelstammes, Meiningen 1901, S. 31 ff.

stärksten Baumklassen und sagt: „Zeigen die stärksten Stammklassen eines jüngeren Bestandes dasselbe Höhen= und Stärkewachstum sowie einen gleichen Massengehalt, wie die gleiche Zahl der stärksten Stämme des Weiserbestandes in demselben Alter besessen hat, so wird daraus der Schluß gezogen, daß die Standortsgüte beider Bestände die gleiche ist, daß also der junge Bestand gewissermaßen eine frühere Altersstufe des Weiserbestandes repräsentiert und darum als ein Glied der zu entwerfenden Ertragstafel angesehen werden kann".

Im Gegensatz zu dem Weiserverfahren ermittelt Baur die Zu= wachskurven auf rein graphischem Wege in folgender Weise:

Nachdem möglichst viel Bestände aus den verschiedensten Bo= nitäten und Altersklassen aufgenommen worden sind, werden die Massen der einzelnen Bestände als Ordinaten für die korrespon= dierenden Alter als Abszissen aufgetragen.

Hierauf zieht man zunächst durch die höchsten und ebenso durch die niedrigsten der aufgetragenen Punkte oder doch möglichst nahe an diesen vorüber eine Kurve, welche die obere und untere mittlere Grenze der in den verschiedenen Lebensaltern vorkommenden Massen darstellt. Alsdann teilt man den Raum zwischen den beiden Grenz= kurven in soviele flächengleiche Streifen, als Ertragsklassen aus= geschieden werden sollen; in der Mitte eines jeden Streifens wird sodann eine Kurve gezogen, welche den durchschnittlichen Gang des Massenwachstums in der betreffenden Ertragsklasse darstellt.

Jene Probeflächen, deren Ordinaten=Endpunkte innerhalb des nämlichen Streifens liegen, gehören der gleichen Ertragsklasse an, ihre Höhen und Stammzahlen werden dann dazu benutzt, um in gleicher Weise auf graphischem Wege den Entwickelungsgang dieser Elemente für die betreffende Standortsklasse abzuleiten.

Beim Auftragen der Mittelhöhen nach der auf Grund der Massen vorgenommenen Bonitierung hat Baur gefunden, daß Massen und Höhen in der überwiegenden Anzahl der Fälle gleichartig gelagert waren. Er hat hierin eine Bestätigung des schon 1765 von Oettelt ausgesprochenen Satzes erblickt, daß die Höhe der beste Weiser für die Standortsgüte ist. Dieses Gesetz bildet heute die Grund= lage für die Anwendung der Ertragstafeln.

Ursprünglich sind von Baur auch die Kreisflächenkurven in der gleichen Weise auf dem graphischen Wege abgeleitet worden, später hat er zunächst die mittleren Kreisflächen nach der Formel

$$G = \frac{V}{HF}$$

berechnet und diese dann zeichnend ausgeglichen.

Gegen das Weiserverfahren sowohl als gegen das Streifenver=
fahren sind schwerwiegende Bedenken zu erheben.

Beim Weiserverfahren erfolgt die Auswahl der Weiserbestände
(Typen) für die verschiedenen Standortsklassen lediglich nach dem
Gutachten des Bearbeiters ohne zahlenmäßigen Anhalt. Dieses
ist umso schwieriger, als gleichzeitig Standortsgüte und Bestandes=
güte berücksichtigt werden müssen. Die in den Weiserbeständen er=
mittelten Massen und massenbildenden Faktoren für die jüngeren
Altersstufen stimmen nur sehr selten mit den gleichen Werten der
jetzt vorhandenen Bestände überein, aus denen die Angaben für
die Ergänzungsstämme entnommen werden sollen. Außerdem ist
das ganze Verfahren außerordentlich umständlich und schwer=
fällig.

Das Streifenverfahren ermöglicht zwar einen guten Überblick
über die Wachstumsleistungen des betreffenden Gebietes, die Ab=
leitung der verschiedenen Kurven ist aber fast ausschließlich durch
die Lage der Elemente für die besten und schlechtesten Bestände be=
stimmt. Am schwerwiegendsten ist jedoch der Einwand, daß kein
innerer Grund für den weiteren Verlauf des Wachstumsganges
die Versuchsbestände und dessen Übereinstimmung mit dem Gang
der auf Grund des Streifenverfahrens abgeleiteten Kurven be=
steht.

Beide Verfahren liefern ferner nur Angaben für die Entwickelung
des verbleibenden Bestandes, während die Ermittelungen bezüglich
des ausscheidenden Bestandes und damit auch jene über die so be=
sonders wichtigen Gesamtwachstumsleistungen mit einem hohen
Maße von Unsicherheit behaftet sind.

Baur ist bei seinen Untersuchungen von den Massen der Bestände
ausgegangen, weil der Massenzuwachs den besten Ausdruck für die
Standortsgüte bildet. Dieses gilt aber nur bezüglich der Leistung
von Gesamtmasse, während in den Versuchsbeständen lediglich die
jeweilige Masse des verbleibenden Bestandes ermittelt werden kann
und diese sehr von dem Durchforstungsbetriebe abhängt. Es ist
deshalb richtiger, die Mittelhöhen als Grundlage zu benutzen,
weil diese hierdurch nur wenig beeinflußt werden.

Die zahlreichen Ertragsuntersuchungen der letzten Jahrzehnte haben bewiesen, daß auf Grund einmaliger Aufnahmen zuverlässige Ertragstafeln überhaupt nicht abgeleitet werden können.

Wenn aber die Aufgabe der Aufstellung von Ertragstafeln auf solcher Grundlage vorliegt, so bietet ein abgeändertes Streifenverfahren, welches von der Mittelhöhe ausgeht, immer noch den besten Weg.

Das Weiserverfahren läßt sich insofern zur Unterstützung heranziehen, als man durch Stammanalysen einer größeren Anzahl von Probestämmen aus älteren Beständen den annähernden Verlauf der Kurven für die Oberhöhen ermitteln und von hier aus in der oben (S. 128) angegebenen Weise den Gang der Mittelhöhe ableiten kann.

Hierauf werden die Mittelhöhen der Probebestände als Ordinaten für das betr. Alter nach der Methode des Streifenverfahrens eingetragen und die Höhenkurven der einzelnen Standortsklassen nicht nach der Lage der obersten und untersten Punkte, sondern im Anhalt an die durch Stammanalysen gefundenen Höhenkurven gezogen. Die Abgrenzung der Standortsklassen und die Einreihung der Probebestände in diese erfolgt dann nach der Methode des Streifenverfahrens.

In gleicher Weise wie die Höhenkurven werden auch die Kurven für Massen, Kreisflächen und Formzahlen gefunden. Zur Korrektur der letzteren dienen die vorliegenden Formzahluntersuchungen des Vereines deutscher forstlicher Versuchsanstalten.

Man begnügt sich aber weiterhin nicht mit der rein zeichnenden Ableitung der Kurven für Masse und massenbildender Faktoren, sondern berechnet auch die Werte für Formhöhe (HF) und für den Faktor zur Höhe (GF). Letztere müssen ebenfalls gesetzmäßig verlaufende Reihen bilden und ebenso wie V, G, H, F mit den tatsächlich in den Probebeständen gefundenen Werten, die zweckmäßig nach Jahrzehnten zu rechnerischen Mittelwerten zusammengezogen werden, übereinstimmen, das gleiche gilt für die Stammzahlen. Bezüglich der Angaben für den Gesamtzuwachs stehen bei einmaligen Aufnahmen nur die Ermittelungen über Durchforstungserträge zur Verfügung, die bei aller Vorsicht wegen ihrer Abhängigkeit von der vorausgegangenen Methode der Bestandespflege sehr schwanken und nur sehr unsichere Schlüsse gestatten.

Zuverlässige Ertragstafeln lassen sich nur:

4. durch wiederholte Aufnahmen von Probeflächen erhalten. Dabei bilden aber gleichbleibende wirtschaftliche Behand-

lung, genaueste Massenermittelung und sorgfältige Aufzeichnung der Massen (und Kreisflächen) aller Abgänge die unverzügliche Voraussetzung.

Auf diese Weise erhält man bei graphischer Behandlung statt einzelner Punkte Kurvenstücke, die um so wertvoller sind, je länger die Beobachtungsperiode währt. Diese Kurvenstücke verlaufen niemals sämtlich genau im gleichen Sinne, sie bieten aber in ihrem durchschnittlichen Verlauf das vorzüglichste Mittel zur Berichtigung der auf Grund erstmaliger Aufnahmen gezogenen vorläufigen Kurven. Ebenso ermöglichen die bei den wiederholten Aufnahmen vorgenommenen Messungen eine Nachprüfung und Berichtigung aller massenbildenden Faktoren nach der eben angegebenen Methode.

Durch wiederholte Aufnahmen allein ist es ferner möglich, den laufend-jährigen Zuwachs von Masse und Kreisfläche festzustellen und hieraus Kurven abzuleiten, die den entsprechenden Wachstumsgang für alle Altersstufen darstellen.

Die Differenz zwischen Gesamtzuwachs und den Massen und Kreisflächen des in den einzelnen Altersstufen verbleibenden Bestandes gibt dann die entsprechenden Werte des ausscheidenden Bestandes.

Für das Verfahren der Aufstellung von Ertragstafeln läßt sich keine allgemein gültige Schablone entwerfen, dieses muß vielmehr nach den besonderen Verhältnissen des einzelnen Falles entsprechend den mitgeteilten allgemeinen Grundsätzen speziell ausgebildet werden.

Auf Grund fast fünfzigjähriger Arbeiten der forstlichen Versuchsanstalten ist es nunmehr gelungen, den Entwickelungsgang der reinen Bestände unserer Hauptholzarten bei der bisher üblichen Behandlungsweise mit großer Zuverlässigkeit festzustellen. Hierüber berichten zahlreiche Veröffentlichungen.

Eine Zusammenstellung von Ertragstafeln, welche meist auf Grund der Untersuchungen der preußischen Versuchsanstalt abgeleitet worden sind, findet sich in: Schwappach, Ertragstafeln der wichtigeren Holzarten. 2. Aufl., Neudamm 1923.

§ 69. Anwendung der Ertragstafeln.

Wenn auf Grund von Ertragstafeln der Wachstumsgang eines bestimmten Bestandes für die früheren oder für die kommenden Lebensjahre angegeben werden soll, so fragt es sich zunächst, welche der verschiedenen Kurven seiner Entwickelung entsprechen wird, oder mit anderen Worten: Welcher Standortsklasse (Bonität, Ertragsklasse) gehört dieser Bestand an?

Die Lösung dieser Aufgabe ist dadurch sehr vereinfacht, daß durch die neueren Ertragsuntersuchungen ein gesetzmäßiger Zusammenhang für Masse und Höhe innerhalb der gleichen Wachstumsgebiete insofern nachgewiesen ist, als bei dem nämlichen Alter die größere Höhe der größeren Masse und demnach auch der besseren Standortsklasse entspricht.

Die Bestandesmittelhöhe bildet also wenigstens für die mittelalten und älteren Bestände einen Weiser für die Standortsklasse, zur Bestimmung der letzteren ist daher nur die Ermittelung des Alters und der Mittelhöhe des Bestandes nötig.

Die Höhe ist als Bonitätsweiser jedoch erst etwa vom 30. Lebensjahre ab brauchbar, in jüngeren Beständen sowie auf Blößen muß die Standortsgüte gutachtlich, eventuell unter Zuhilfenahme von Bodenuntersuchungen, festgestellt werden. Die besten Anhaltspunkte liefern ältere in der Nähe befindliche Bestände, welche auf ähnlichem Boden stocken.

Stimmt die Mittelhöhe des Bestandes ganz oder nahezu mit einem der in der Ertragstafel für das betreffende Alter angegebenen Beträge überein, so können die Angaben der entsprechenden Zuwachsreihe für ersteren benutzt werden, und es ist nur noch die Abweichung der konkreten Bestandesgüte von der normalen (Vollbestand) zu berücksichtigen, welche durch das Verhältnis der Kreisflächensumme des Bestandes je Hektar zu jener der Tafeln:

$$\frac{G_{\text{ Bestand}}}{G_{\text{ Tafel}}} = \text{Vollbestandsfaktor}$$

gemessen wird; weniger sicher ist das gutachtliche Ansprechen des Vollbestandsfaktors, da hier das subjektive Ermessen des Taxators einen zu bedeutenden Einfluß übt. Dieser ist ohne wirkliche Messungen gar nicht in der Lage zu wissen, wie seine Ansichten über Vollbestand sich zu jenen des Autors der Tafeln verhalten. Wenigstens sind anfangs solche Messungen der Kreisflächen der Bestände probeweise unumgänglich nötig, bis man über den normalen Schlußgrad, welcher bei Bearbeitung der Tafeln zugrunde gelegt wurde, orientiert ist. Letzterer wechselt nach den herrschenden Ansichten über die zweckmäßigste Erziehungsweise der Bestände. Meist wird der Schlußgrad unterschätzt.

In dem Maße, als eine Differenz zwischen der normalen und konkreten Beschaffenheit eines Bestandes besteht, müssen jene Angaben der Tafel, welche vom Schlußgrad abhängen, durch Multiplikation mit dem Vollbestandsfaktor, der auch größer als 1 sein kann, umgerechnet werden.

Wenn ein größerer Unterschied zwischen Mittelhöhe des Bestandes und jener der Tafeln besteht, so ist zunächst festzustellen, welches die nächstgelegene Höhenkurve ist, die erforderlichen Reduktionen haben alsdann auch entsprechend dem Verhältnis der Mittelhöhe des konkreten Bestandes zu den Angaben der Ertragstafeln zu erfolgen.

Man führt indessen diese Rechnung selten aus, sondern begnügt sich meist damit, bei geringeren Abweichungen die Angaben für die nächstgelegene Standortsklasse zu benutzen, bei größeren Differenzen benutzt man das Mittel aus den Standortsklassen, zwischen welchen der betr. Bestand liegt.

Die Ertragstafeln enthalten Durchschnittswerte aus einer großen Anzahl von einzelnen Erhebungen. Ihre Angaben werden daher für einen konkreten Bestand stets nur annähernd zutreffen, größere oder geringere Abweichungen im Wachstumsgang sind daher nicht ausgeschlossen. Sobald man aber die Angaben der Ertragstafeln auf eine Mehrzahl von Beständen anwendet, gleichen sich diese Abweichungen aus, das Gesamtergebnis der Berechnung wird mit jenem der Wirklichkeit um so besser übereinstimmen, je größer die Anzahl dieser Bestände war.

Die Ertragstafeln bringen den Zuwachsgang normaler Bestände nach allen Richtungen zur Darstellung, sie dienen daher nicht nur zur Ermittelung des Zuwachses konkreter Bestände, sondern leisten auch noch für viele andere Zwecke der Betriebsregulierung, Waldwertberechnung und Statik unentbehrliche Dienste.

Handbuch der Forstverwaltungskunde. Von Dr. **Adam Schwappach**, Forstmeister, Professor an der Forstakademie Eberswalde und Abteilungsdirigent bei der Preuß. Hauptstation des forstl. Versuchswesens. 1884.

5 Goldmark / 1.20 Dollar.

Wachstum und Ertrag normaler Rotbuchenbestände. Nach den Aufnahmen der Preuß. Hauptstation des forstl. Versuchswesens bearbeitet von Dr. **Adam Schwappach**, Forstmeister. 1893.   3 Goldmark / 0.70 Dollar.

Normal-Ertragstafel für die Kiefer in der norddeutschen Tiefebene. Von Dr. **Adam Schwappach**, Forstmeister. (Sonderabdruck aus: „Neuere Untersuchungen über Wachstum und Ertrag normaler Kiefernbestände in der norddeutschen Tiefebene". 1904.) 0,50 Goldmark / 0.10 Dollar.

Ertragstafeln für Eiche, Buche, Tanne, Fichte und Kiefer. Von Dr. **E. Gehrhardt**, Regierungs- und Forstrat b. d. Preuß. Forsteinrichtungsanstalt zu Magdeburg. 1923.

Gebunden 2.20 Goldmark / Gebunden 0.55 Dollar.

Normal-Ertragstafel für Fichtenbestände. Bearbeitet von der Braunschweigischen Versuchsanstalt. Mit einer lithographierten Tafel. 1913.   1 Goldmark / 0.25 Dollar.

Durchforstungs- und Lichtungstafeln. Nach den Normalertragslisten der Deutschen Versuchsanstalten bearbeitet von Dr. **Hemmann**. 1913.

2.60 Goldmark / 0.65 Dollar.

Die Berechnung des Waldkapitals und ihr Einfluß auf die Forstwirtschaft in Theorie und Praxis. Von Dr. **Th. Glaser**, Forstamtsassessor, Bayreuth. Mit 2 Textfiguren. 1912.   4 Goldmark / 1 Dollar.

Leitfaden für den Waldbau. Von **W. Weise**, Preuß. Oberforstmeister, Forstakademie-Direktor a. D. Vierte Auflage. 1911.

Gebunden 4 Goldmark / Gebunden 0.95 Dollar.

Technologie der Holzverkohlung unter besonderer Berücksichtigung der Herstellung von sämtlichen Halb- und Ganzfabrikaten aus den Erstlingsdestillaten. Von **M. Klar**, Vorstand der Chemischen Werke Henke & Baertling, Aktiengesellschaft Holzminden (Holzdestillationsprodukte). Zweite, vermehrte und verbesserte Auflage. Mit 49 Textfiguren. Unveränderter Neudruck. 1923.   Gebunden 17 Goldmark / Gebunden 4.10 Dollar.

Für das Inland: Goldmark zahlbar nach dem amtlichen Berliner Dollarbriefkurs des Vortages. Für das Ausland: Gegenwert des Dollars in der betreffenden Landeswährung sofern sie stabil ist oder in Dollar, englischen Pfunden, Schweizer Franken, holländischen Gulden.

Kubik-Tabelle zur Bestimmung des Inhaltes von Rundhölzern nach Kubikmetern und Hundertteilen des Kubikmeters mit angehängten Reduktionstafeln. Nach den für die Preuß. Forstverwaltung ergangenen Bestimmungen zusammengestellt von **H. Behm**, weil. Geh. Rechnungsrat im Ministerium für Landwirtschaft, Domänen und Forsten. Zweiundzwanzigste Auflage. 1919.

Gebunden 1.60 Goldmark / Gebunden 0.40 Dollar.

Das Holz als Baustoff, sein Wachstum und seine Anwendung zu Bauverbänden. Den Bau- und Forstleuten gewidmet. Von **Gustav Lang**, Geheimer Regierungsrat, Professor an der Technischen Hochschule zu Hannover. Mit zahlreichen Bildern aus dem Bauingenieurlaboratorium und 2 Beilagen. Mit 1 Bildnis. 1915. (C. W. Kreidel's Verlag in Berlin W 9.) 10 Goldmark / 1.80 Dollar.

Der Dauerwaldgedanke. Sein Sinn und seine Bedeutung. Von Professor Dr. **Alfred Möller**, Preuß. Oberforstmeister und Direktor der Forstakademie zu Eberswalde. 1922.

1.60 Goldmark; gebunden 2.50 Goldmark / 0.40 Dollar; gebunden 0.60 Dollar.

Dauerwaldwirtschaft. Von Dr. **A. Möller**, Oberforstmeister und Professor. Zweite Auflage. 1921. 2.30 Goldmark / 0.55 Dollar.

Lehrbuch der Waldwertrechnung und Forststatik. Von Dr. **Max Endres**, o. ö. Professor an der Universität München. Vierte, verbesserte Auflage. Mit 7 Abbildungen. 1923.

Gebunden 9 Goldmark / Gebunden 2.15 Dollar.

Handbuch der Forstpolitik mit besonderer Berücksichtigung der Gesetzgebung und Statistik. Von Dr. **Max Endres**, o. ö. Professor an der Universität München. Zweite, neubearbeitete Auflage. 1922.

Gebunden 20 Goldmark / Gebunden 7.70 Dollar.

Zeitschrift für Forst- und Jagdwesen. Zugleich Organ für forstliches Versuchswesen. Begründet von **Bernhard Danckelmann**. Herausgegeben unter Mitarbeit der Professoren der Forstlichen Hochschule zu Eberswalde und München, sowie nach amtlichen Mitteilungen von Professor **L. Schilling**, Preuß. Oberforstmeister und Direktor des forstlichen Versuchswesens in Eberswalde. Seit 1869. Erscheint monatlich.

Für das Inland: Goldmark zahlbar nach dem amtlichen Berliner Dollarbriefkurs des Vortages. Für das Ausland: Gegenwert des Dollars in der betreffenden Landeswährung sofern sie stabil ist oder in Dollar, englischen Pfunden, Schweizer Franken, holländischen Gulden.